ROLAND NESTLER

DIE DREHUNGSMESSUNG ALS GRUNDLAGE DER GARNHERSTELLUNG IN DER SPINNEREI

VERÖFFENTLICHUNGEN AUF DEM GEBIETE DER FASERSTOFF-FORSCHUNG UND TEXTILTECHNIK

NR. 11

HERAUSGEGEBEN
VON DEN INSTITUTEN FÜR FASERSTOFF-FORSCHUNG
UND FÜR TECHNOLOGIE DER FASERN
DER DEUTSCHEN AKADEMIE DER WISSENSCHAFTEN
ZU BERLIN

HERAUSGEBER

PROF. DR. DR. h. c. ERICH CORRENS
PROF. DR.-ING. WALTER FRENZEL
UND
PROF. DR.-ING. HABIL. WOLFGANG BOBETH

AKADEMIE-VERLAG · BERLIN

1963

DR.-ING. ROLAND NESTLER

DIE DREHUNGSMESSUNG ALS GRUNDLAGE DER GARNHERSTELLUNG IN DER SPINNEREI

Mit 20 Abbildungen, 21 Tabellen
und 17 Diagrammen

AKADEMIE-VERLAG · BERLIN

1963

Erschienen im Akademie-Verlag GmbH, Berlin W 8, Leipziger Str. 3—4

Lizenznummer: 202 · 100/580/63
Gesamtherstellung: Druckhaus „Maxim Gorki", Altenburg
Bestellnummer: 2049/11 · ES 20 O

Vorwort

Vorliegende Veröffentlichung ergab sich aus umfangreichen Arbeiten des Verfassers am Institut für Textiltechnik der Technischen Universität Dresden und sollte mit dazu beitragen, das in der Praxis sehr verbreitete Spannungsfühlerverfahren zur Ermittlung von Garndrehungen der internationalen Standardisierung zugängiger zu machen.

Für die mir zuteil gewordene vielseitige Unterstützung bei diesen Arbeiten möchte ich vor allem den Herren Professor Dr.-Ing. Walter FRENZEL nnd Professor Dr.-Ing. habil. Wolfgang BOBETH meinen verbindlichsten Dank zum Ausdruck bringen, vor allem auch dafür, daß mir auf diesem Gebiet ein Promotionsverfahren ermöglicht wurde.

Dem Akademie-Verlag möchte ich bestens für die gute Zusammenarbeit und für die ausgezeichnete Ausstattung des Buches danken.

Roland Nestler

Inhaltsverzeichnis

1. Einleitung

Die Drehung, die im Gespinst den Fasern den erforderlichen Zusammenhalt gibt, beeinflußt in hohem Maße die physikalisch-technologischen Eigenschaften der Garne [1]. Festigkeit, Dehnung, Elastizität, Weichheit, Glätte, Schmiegsamkeit usw. sind vom Grade der Drehung abhängig. Um die Ansprüche, die je nach Art und Beschaffenheit des Faserstoffes und Verwendungszweck des Garnes gestellt werden, zu erfüllen, wird demselben beim Spinnen eine entsprechende Anzahl Drehungen erteilt.

Während der technologischen Fertigung von Garnen treten an der Ringspinnmaschine infolge Gleitverluste der Antriebselemente, Form und Aufbau des Spulenkörpers sowie infolge der Einspinnung Drehungsabweichungen auf, so daß die eingestellte mittlere Solldrehung nicht erreicht wird. Durch Untersuchung der üblichen physikalischen Eigenschaften wird festgestellt, ob die Garne den jeweiligen Anforderungen genügen. Der Kontrolle der Drehung wird hierbei besondere Bedeutung beigemessen.

Das Spannungsfühlerverfahren wird vorwiegend zur Bestimmung der Drehungszahl je Längeneinheit von Baumwoll-, Streich- und Kammgarnen sowohl im In- als auch im Ausland angewendet. Das einfache und rasch arbeitende Verfahren kann von jeder Prüfperson ohne besondere Qualifikation durchgeführt werden; es liefert ferner gut reproduzierbare Resultate, die im Gegensatz zum Aufdrehverfahren keinen subjektiven Einflüssen unterliegen. Wegen der vielen Vorteile und des wenig komplizierten Prinzips wurde das Spannungsfühlerverfahren von Frenzel und Kuntze [2] bereits automatisiert, wodurch der Prüfpersoneneinfluß vollkommen ausgeschaltet und die Prüfdauer verkürzt wird.

Gegenwärtig bestehen in Fachkreisen, in der Literatur und in der Praxis die unterschiedlichsten Meinungen über die Brauchbarkeit und weitere Verwendung des Spannungsfühlerverfahrens. Der ASTM D 180–52 T *Baumwollgarne* [3] sowie die Federal Specification CCC–T–191b *Textilprüfung* [4] sehen das Spannungsfühlerverfahren als einziges Drehungsprüfverfahren vor. Auch in der Schweizer Vorschrift SVMT 25–C 1051 [5] und im früheren deutschen Normblatt DIN 53801 [6] ist es neben dem Aufdrehverfahren als standardisiertes Verfahren mit aufgeführt. Dagegen fehlt es in dem British Standard zur Bestimmung der Drehung [7, 8], in dem Indian Standard IS: 238–1952 zur Drehungsbestimmung von Baumwollgarnen [9] sowie in den ISO-Vorschlägen [10, 11] als auch im ersten Normentwurf DIN 53832 [12].

Wie aus zahlreichen Einsprüchen zu DIN 53832 zu entnehmen ist, wird das Spannungsfühlerverfahren dem Aufdrehverfahren hauptsächlich von der Praxis und auch von der Mehrzahl der wissenschaftlichen Institute vorgezogen. Man steht augenblicklich vor der Alternative, dem Spannungsfühler- oder dem Aufdrehverfahren den Vorzug zu geben. Zur Klärung dieser Frage wird im folgenden der Versuch unternommen, beide Verfahren hinsichtlich Reproduzierbarkeit und Genauigkeit der Ergebnisse mit Hilfe von *Drehungstestgarnen* zu überprüfen. Durch systematische Untersuchungen der wichtigen Einflußgrößen werden u. a. die dem Spannungsfühlerverfahren anhaftenden unbekannten Fehler aufgedeckt, und unter Beachtung wirtschaftlicher Gesichtspunkte wird das übliche Spannungsfühlerverfahren so modifiziert, daß es aussagefähige und reproduzierbare Resultate liefert, einfach in der Durchführung ist und sich für die automatische Drehungsbestimmung sowie zur Standardisierung eignet.

2. Literaturübersicht über bekannte Prüfverfahren und -geräte zur Drehungsbestimmung

Die textile Prüftechnik hat eine große Anzahl von Prüfverfahren und -geräten entwickelt, die zur Bestimmung der Drehung von Garnen, Seiden, Zwirnen und Monofilen dienen. Die Vielzahl der Drehungsprüfverfahren entstand, um einerseits alle Fadenarten auf Drehung untersuchen zu können und andererseits die Drehungsermittlung so einfach und genau wie möglich zu gestalten. Die verschiedensten Meßprinzipien kommen zur Anwendung; es gibt mechanische, optische, chemische und auch elektrische Meßverfahren zur direkten und indirekten Drehungsmessung. Im Gegensatz zu der großen Anzahl von Prüfverfahren und -geräten enthält die Literatur nur spärliche Angaben über die Prüfgenauigkeit und Reproduzierbarkeit der mit den Drehungsprüfverfahren erzielbaren Ergebnisse. Der Grund hierfür ist darin zu suchen, daß die tatsächlich im Garn vorhandene Drehung, die nur einen exakten Vergleich der Drehungsprüfverfahren zuläßt, bisher nicht mit hinreichender Genauigkeit bestimmt werden konnte, kaum jedoch in der Tatsache, daß die Kenntnis der Prüfgenauigkeit weniger von Interesse wäre. Jede Drehung, die das eine oder andere Verfahren mehr oder weniger genau anzeigt, bedeutet einerseits eine Veränderung der physikalischen Eigenschaften der Fäden und andererseits eine Leistungsänderung der Spinnmaschine. Es ist deshalb von Bedeutung, die Drehungsprüfverfahren in *qualitativer* Hinsicht zu untersuchen.

Die Drehungsprüfverfahren können nach verschiedenen Gesichtspunkten eingeteilt werden. Mit den direkten Verfahren wird die Drehung unmittelbar gemessen (Aufdrehverfahren), während mit indirekten Verfahren (z. B. mit dem Spannungsfühlerverfahren) eine drehungsabhängige Größe (Verlängerung, Dickenänderung usw.) gemessen wird. Es kann auch eine Einteilung nach den erwähnten Meßprinzipien erfolgen. Diese Ordnung wird für die folgende Literaturübersicht gewählt, wobei die Drehungsprüfverfahren noch nach den zu prüfenden Fadenarten, Garnen, Seiden und Zwirnen sowie Monofilen, unterteilt werden.

2.1. Prüfverfahren und -geräte zur Drehungsbestimmung von Garnen, Seiden und Zwirnen

Die mechanischen Drehungsprüfverfahren sind in der Mehrzahl und werden im allgemeinen wegen ihrer Einfachheit und der Konstanz ihrer Anzeige bevorzugt. Beim mechanischen Meßprinzip entfallen viele Unzulänglichkeiten, die elektrischen, chemischen und teilweise auch optischen Meßmethoden anhaften. Die mechanisch arbeitenden Prüfgeräte sind auch größtenteils billiger.

2.1.1. Mechanische Drehungsprüfverfahren und -geräte

2.1.1.1. Aufdrehverfahren

Das Aufdrehverfahren wird in der Literatur häufig auch als Parallellage-, Direkt-, direktes Aufdreh- oder auch als Nadelverfahren bezeichnet. Im deutschen Sprachgebrauch sowie im Normentwurf DIN 53832 [12, 13] und im Standard TGL 0-53832 hat sich die Bezeichnung *Aufdrehverfahren* eingebürgert.

Die zu prüfende Garn-, Seiden- bzw. Zwirnlänge wird im Drehungszähler (Abb. 1) unter einer Vorspannkraft, die nach der alten Norm DIN 53801 [6] 0,10 p/tex und neuerdings nach DIN 53832 [13] und TGL 0-53832 0,40 bis 0,60 p/tex entsprechen

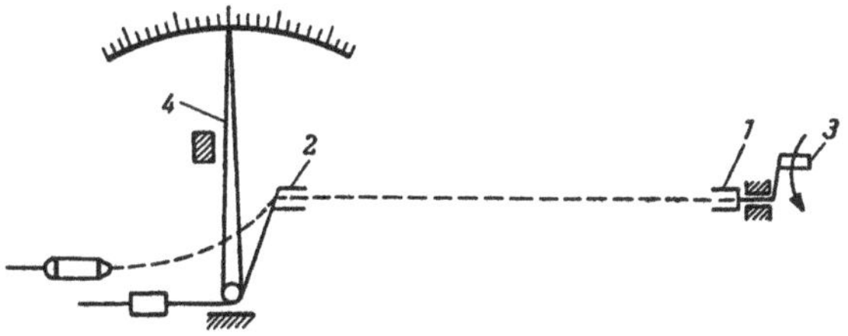

Abb. 1. Drehungszähler nach FRENZEL/HAHN

(Aus: Handbuch der Werkstoffprüfung. 2. Aufl., 5. Bd.: Die Prüfung von Textilien, Springer-Verlag, Berlin 1960, S. 309)

soll, zwischen zwei Klemmen 1 und 2 eingelegt, wovon die eine drehbar und die andere feststehend und nur in Richtung der Fadenachse beweglich ist. Mit einer auf die drehbare Klemme 1 wirkenden Handkurbel 3, die auch mit einem elektrischen Antrieb gekoppelt sein kann, wird der Faden bis zur parallelen Faser-, Elementarfaden- bzw. Fadenlage aufgedreht. Zur Kontrolle der Drehungsauflösung sticht man an der feststehenden Klemme mit einer Nadel in den Faden ein und bewegt diese unter gleichzeitigem Aufdrehen des Fadens nach der drehbaren Klemme zu. Mit einer Lupe wird die Drehungsermittlung überwacht. Die Anzahl der Drehungen wird bei der gewählten Einspannlänge des Fadens am Zählwerk des Drehungsprüfgerätes auf $\pm 0{,}25$ Drehungen genau abgelesen; aus mindestens 20 Versuchen [12, 13] wird der Drehungsmittelwert bestimmt und auf die Einheit *Drehungen je Meter* umgerechnet. Mit der Drehungsbestimmung wird zugleich die beim Aufdrehen eines Zwirnes bzw. einer Seide eintretende Längenänderung mittels des Längenzeigers 4 gemessen. Bei Gespinsten kann die Längenänderung infolge der kleinen Einspannlänge und des Einstechens mit der Nadel nur angenähert ermittelt werden.

Die Einspannlänge für Garne richtet sich nach der jeweiligen Faserlänge. Sie muß kürzer sein als die längsten im Garn vorkommenden Fasern. Die Prüflänge war vormals [6] nach der Art des Faserstoffes festgelegt. In DIN 53832 [13] und TGL 0-53832 wird entsprechend den ISO-Empfehlungen [10, 11] vorgeschlagen, die Einspannlängen in Abhängigkeit vom Spinnverfahren zu wählen, und zwar für Garne, gesponnen nach dem

Baumwollspinnverfahren	25 mm,
Kammgarnspinnverfahren	50 mm,
Streichgarnspinnverfahren	25 mm und 50 mm,
Bastfaserspinnverfahren	25 mm, 100 mm und 250 mm.

Für Untersuchungen an Zwirnen aller Art und an Chemieseiden beträgt die Einspannlänge 500 mm bzw. 250 mm.

Zur Bestimmung der Zwirn- und Seidendrehungen sowie zur graphischen Darstellung der Drehungs-Längenänderungskurve wurden bereits spezielle Prüfgeräte konstruiert.

Selbstschreibender Drehungszähler für Zwirne nach FRENZEL. Zur Prüfung von Zwirnen entwickelte FRENZEL [14] ein Prüfgerät (Abb. 2), bei dem mittels einer Schreibvorrichtung 1, die mit der feststehenden Klemme 2 verbunden

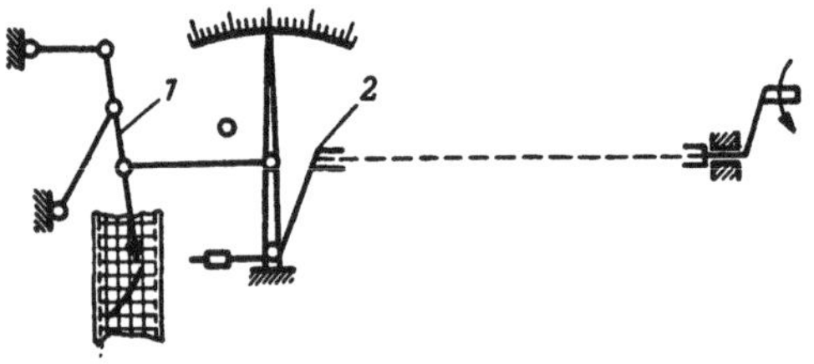

Abb. 2. Selbstschreibender Drehungszähler nach FRENZEL/HAHN

(Aus: Melliand Textilber. *18* [1937], S. 209)

ist, Drehungs-Längenänderungskurven aufgezeichnet werden können. Um auch unterschiedlichen Längenänderungen, wie sie beispielsweise bei Cordzwirnen auftreten, Rechnung zu tragen, hat FRENZEL [15] den selbstschreibenden Drehungszähler weiter verbessert. An Stelle der üblichen horizontalen Lage des Drehungszählers benutzt er die vertikale Anordnung (Abb. 3). Auf diese Weise konnten Rollen mit unterschiedlichem Durchmesser als Übertragungsmechanismen eingesetzt und das Diagrammpapier in voller Breite genutzt werden. Die Genauigkeit der aufgezeichneten Drehungs-Längenänderungskurven wird damit wesentlich verbessert. Weiterhin ist bei diesem Drehungszähler von Vorteil, daß die Vorspannkraft in Richtung der Fadenachse wirkt, wodurch u. a. Hebelübersetzungen entfallen und zusätzliche Reibungskräfte vermieden werden.

Automatischer Zwirndrehungszähler nach LEPEZ. Von LEPEZ [2, 16] wurde erstmalig ein automatischer Drehungszähler (Abb. 4) zur kontinuierlichen Zwirn-

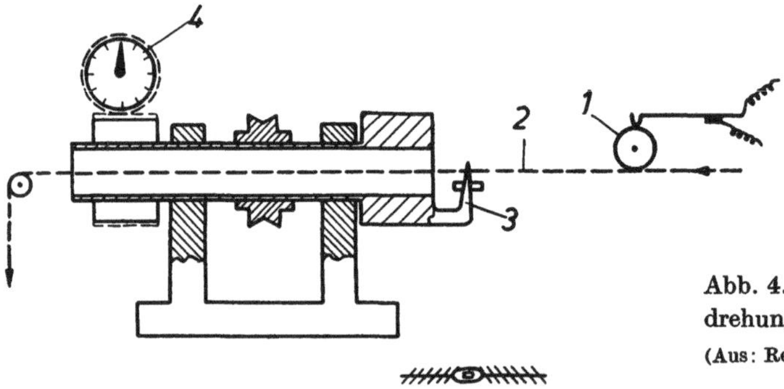

Abb. 4. Automatischer Zwirndrehungszähler nach LEPEZ

(Aus: Rev. Textile *5* [1933], S. 375)

drehungsbestimmung angegeben. Mittels einer Rolle 1 wird die einlaufende Länge des Zwirnes 2 gemessen. Ein rotierender Stift 3 teilt den Zwirn in seine Einzelfäden auf. Der Zwirn wird vor dem rotierenden Stift aufgedreht und dahinter wieder zugedreht. Das Abziehen des geprüften Zwirnes erfolgt unter dem Zug

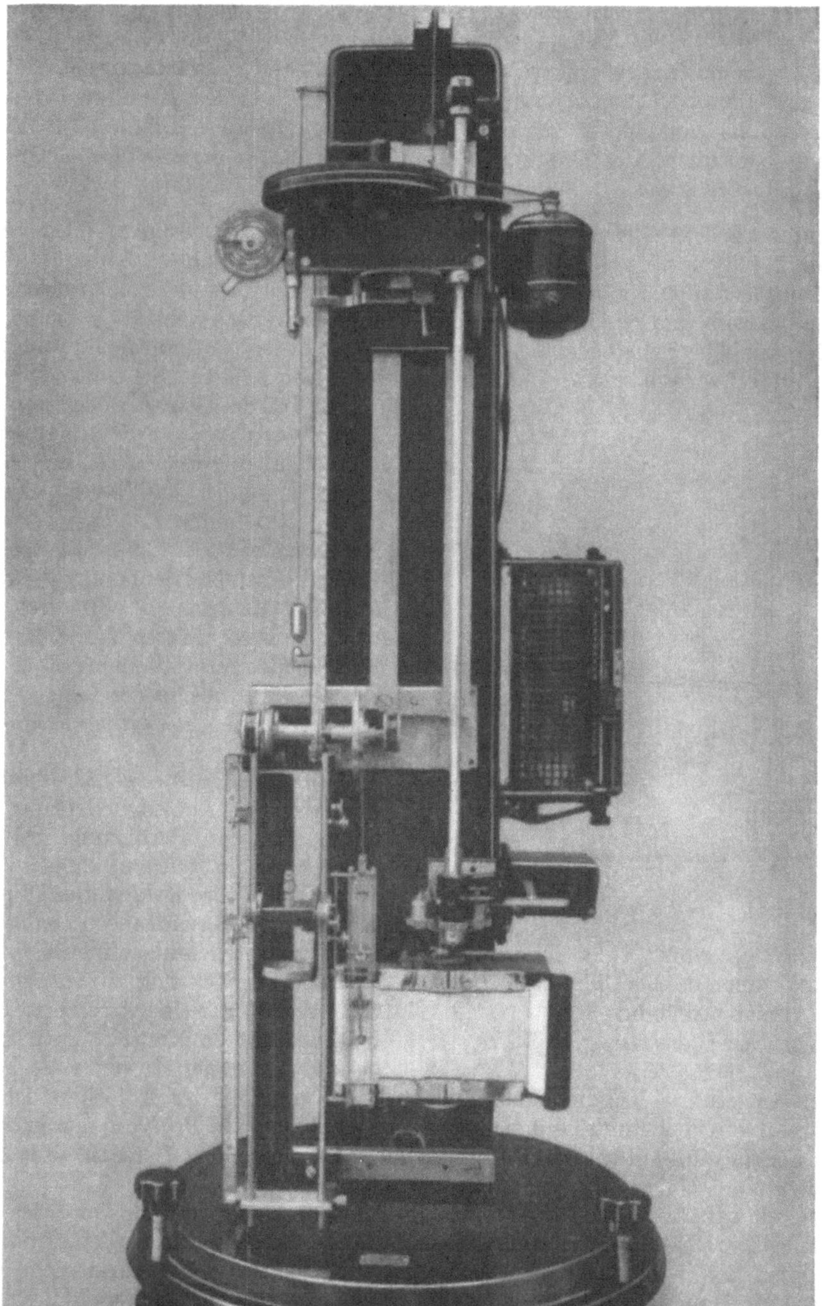

Abb. 3. Senkrechter Drehungszähler nach FRENZEL/BETTERMANN/HAHN

eines Gewichtsstückes oder mittels Reibscheibe. Die Umdrehungen des Teilungsstiftes werden auf eine Zähluhr 4 übertragen. Aus den festgestellten Drehungen und der durchgelaufenen Zwirnlänge läßt sich die mittlere Drehung je Längeneinheit berechnen. Der Drehungszähler schaltet sich je nach eingestellter Prüflänge selbsttätig aus.

Automatischer Zwirndrehungszähler nach HENNO und JOUHET. HENNO und JOUHET [17] brachten einen automatischen Drehungszähler (Abb. 5) heraus, mit dem fortlaufend in Abständen von 5 bis 10 cm die Drehung von Zwirnen sowie von Organsin- und Nylonfäden (Krepp) gemessen werden kann.

Der auf eine Scheibenspule 1 aufgewickelte Zwirn wird in den unteren Teil der Aufdrehvorrichtung 2 eingelegt und von einer weiteren Scheibenspule 3 im oberen Teil des Gerätes abgezogen. Eine Aufteilvorrichtung 4, die mit einem Gelenkhebel 5 verbunden ist, besteht aus einem Taster 6 und zwei parallelen Führungsklemmen 7. Der Taster teilt den Zwirn auf; die Einzelfäden werden durch die beiden Klemmen geführt. Die Aufteilvorrichtung bewegt sich zwischen zwei Kontakten 8 und 9, die in einer Entfernung voneinander angebracht sind, welche der Länge des zu untersuchenden Zwirnstückes entspricht.

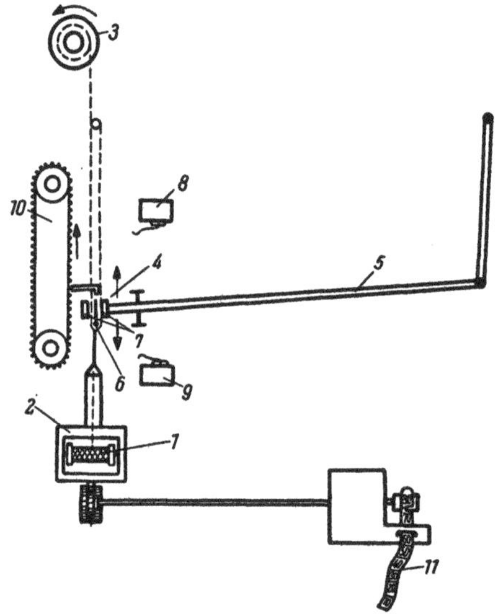

Abb. 5. Automatischer Zwirndrehungszähler nach HENNO und JOUHET

(Aus: Bull. Inst. Textile France [1957], Nr. 66, S. 98)

Während der Zwirnaufdrehung bewegt sich die Aufteilvorrichtung nach unten, bis zur Berührung mit dem unteren Kontakt. Dann schließen sich die beiden Führungsklemmen, die Aufdrehvorrichtung wird ausgeschaltet, und die Einspannklemme öffnet sich. Eine Transportvorrichtung 10 bringt den Gelenkhebel in seine Ausgangsstellung bis zum oberen Kontakt zurück, und damit ist das neu zu prüfende Fadenstück eingeführt. Nunmehr öffnen sich die Klemmen der Aufteilvorrichtung, während die der Aufdrehvorrichtung sich schließt; der Prüfvorgang ist damit von neuem eingeleitet. Die Drehungszahl wird auf einem Papierstreifen 11 registriert.

Die einwandfreie Arbeitsweise des Prüfgerätes hängt von der Güte des Prüfmaterials ab. Fadenbrüche und Knoten verhindern eine kontinuierliche Drehungsmessung. Bei Zwirnen, die aus Garnen bestehen, scheint der Apparat nicht immer einwandfrei zu arbeiten. Drehungsversuche an Organsinfäden und Baumwollzwirnen haben gezeigt, daß die mit dem automatischen Drehungsprüfer an Längen von 5 cm gemessene mittlere Drehung je Meter immer höher liegt als die mit dem gewöhnlichen Drehungszähler an Prüflängen von 50 cm ermittelte.

2.1.1.2. Bruchtorsionsverfahren nach Marschik

Dieses Verfahren wird auch Torsionsverfahren, Zerreißmethode oder kurz Marschikverfahren genannt.

Nach Marschik [18] ist das Aufdrehverfahren für die Garndrehungsbestimmung ungeeignet, wofür er folgende Gründe angibt:

1. Es ist schwierig, ein Garnstück unter Vorspannkraft bis zur Parallellage aufzudrehen, weil es dabei seine Festigkeit verliert, sich vorzeitig verzieht und schließlich bricht.
2. Es ist unmöglich, genau festzustellen, wann beim Aufdrehen die Fasern ihre Parallellage erreicht haben bzw. die Drehungen vollkommen beseitigt sind. Das Aufdrehverfahren ist eine subjektive Methode, die nicht nur ungenaue Werte liefert, sondern die auch von verschiedenen Beobachtern unterschiedlich gehandhabt wird.

Diese von Marschik angeführten Mängel des Aufdrehverfahrens sind tatsächlich vorhanden, und es war für die damalige Zeit ein Fortschritt, daß Marschik ein *objektiveres* Drehungsprüfverfahren, das sogenannte Bruchtorsionsverfahren, für die Praxis schuf.

Das Bruchtorsionsverfahren beruht auf dem Gedanken, daß ein Garn bei gleicher Torsionsspannung in Z- und S-Richtung auch bei derselben Drehungszahl die Festigkeitsgrenze erreicht bzw. überschreitet und zu Bruch geht. Für ein Meßergebnis ist die Untersuchung von zwei Fadenstücken notwendig. Das erste Fadenstück wird in derselben Drehrichtung, die es besitzt, bis zum Bruch weitergedreht (t_1). Das zweite Fadenstück wird entgegen der vorhandenen Drehungsrichtung aufgedreht und über die Faserparallellage hinweg wieder zugedreht, bis es reißt (t_2). Die Garndrehung T je Einspannlänge ergibt sich aus

$$T = \frac{t_2 - t_1}{2}\,. \tag{1}$$

Die mittlere Garndrehung T soll nicht aus jedem Einzelversuch, sondern aus den Mittelwerten von t_1 und t_2 berechnet werden [19]. Klemmendrehzahl und Vorspannkraft müssen bei allen Versuchen konstant sein. Nachteilig ist bei dieser Methode, daß zur Ermittlung eines Drehungswertes zwei Einzelversuche notwendig sind und die mittlere Drehung an zwei voneinander unabhängigen Fadenstücken bestimmt wird. Es ist auch schwierig, das Prüfgerät im Augenblick des Fadenbruches abzustellen, so daß im allgemeinen zuviel Drehungen gemessen werden. Dieser veränderliche Fehler wird auch durch die Subtraktion der beiden Einzelwerte voneinander nicht völlig ausgeglichen. Wenn das Fadenstück von den Klemmen des Drehungsprüfgerätes nicht einwandfrei festgehalten wird, kann es infolge der angreifenden Torsionskraft durch die Klemmen gezogen werden, was Fehlergebnisse zur Folge hat [20]. Nach Untersuchungen von Pinagel [21] liefert das Marschikverfahren nur bei Einspannlängen von über 90 cm annähernd brauchbare Ergebnisse. Bei kleineren Einspannlängen ergeben sich immer zu hohe Werte. Nach E. Wagner [22] steigt die Ungenauigkeit des Verfahrens mit größer werdender Garnfeinheit im quadratischen Verhältnis an. Blaschke

[23] gibt an, daß das Verfahren um 5 bis 10% höhere Werte liefert als sie aus der Maschinenkonstanten errechnet werden. In SVMT 25–C 1051 [5] wird beim MARSCHIKverfahren ebenfalls auf Differenzen von bis zu 10% im allgemeinen und im Vergleich zu anderen Methoden hingewiesen. Diese Abweichungen führt OESER [24] auf den unterschiedlichen Verdrehungswiderstand der Fasern zurück.

Nach den Literaturangaben zu schließen, ist das MARSCHIKverfahren mit einem systematischen Fehler behaftet. Die MARSCHIKmethode ist deshalb nur für grobe Vergleichsuntersuchungen, nicht für genaue Drehungsmessungen brauchbar. Sie ist weiterhin sehr umständlich in der Durchführung und dürfte auch wirtschaftlichen Ansprüchen kaum genügen.

Während heute in den meisten Ländern nach dem Aufdreh- und Spannungsfühlerverfahren geprüft wird, scheint in einigen Ländern, wie z. B. in der Sowjetunion [25, 26, 27], in der Schweiz [5] und in Holland [28], das MARSCHIKverfahren noch verbreitet zu sein.

2.1.1.3. Spannungsfühlerverfahren

Das Spannungsfühlerverfahren ist in der Literatur unter den verschiedensten Bezeichnungen, wie Längen-, Längentast-, Fühlerverfahren, bekannt geworden. In der deutschsprachigen Literatur hat sich nach den beiden von FRENZEL/HAHN [29] (Abb. 1) und KUHN/ZWEIGLE [19, 30] (Abb. 6) konstruktiv ausgebildeten

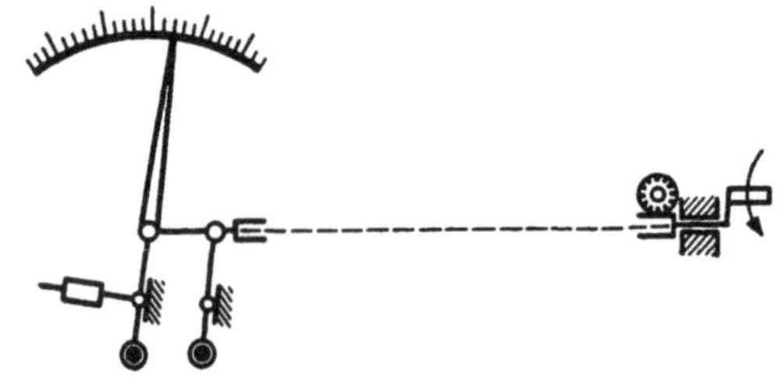

Abb. 6.
Drehungszähler nach KUHN/ZWEIGLE

(Aus: Handbuch der Werkstoffprüfung. 2. Aufl., 5. Bd.: Die Prüfung von Textilien, Springer-Verlag, Berlin 1960, S. 310)

Fühlersystemen der Name Spannungsfühlerverfahren eingebürgert. Von der Vielzahl der bekannten Spannungsfühlerkonstruktionen, die sich nur unwesentlich voneinander unterscheiden [31], sind die beiden angeführten die gebräuchlichsten.

Das Spannungsfühlerverfahren, das der Torsionsmethode vorgezogen wird, beruht auf der Tatsache, daß sich ein Faden infolge der Spinndrehung verkürzt und sich beim Aufdrehen wieder um den gleichen Betrag verlängert. Zur Drehungsermittlung wird das gleiche Fadenstück unter Vorspannkraft aufgedreht und über die Faserparallellage hinaus in entgegengesetzter Drehrichtung — der Drehsinn der rotierenden Klemme wird beibehalten — wieder zugedreht, bis es seine Ausgangslänge wieder erreicht hat. Bei einer Einspannlänge von 500 mm können die Drehungen je Meter direkt am Zählwerk abgelesen werden. Um Fehlmessungen auszuschalten, darf das eingespannte Fadenstück beim Aufdrehen nicht auseinandergleiten und keine Fehlverzüge bzw. Fadenbrüche erleiden.

Das älteste Verfahren, das auf dem erwähnten Prinzip beruht, ist das Fühlerverfahren [19, 32] (Abb. 7). Der beim Aufdrehen entstehende Fadendurchhang wird als Bezugsgröße für die im Fadenstück vorhandene Drehung benutzt. Zu deren Messung wird ein Fühlhebel 1 mit leichtem Übergewicht in der Mitte des Fadenstückes 2 aufgelegt. Dem Fadendurchhang folgt der Fühlhebel so weit, bis er an einem Blockierhebel 3 anschlägt. Der Fühleranschlag soll verhindern, daß der Faden im aufgedrehten Zustand auseinandergleitet. Beim Weiterdrehen

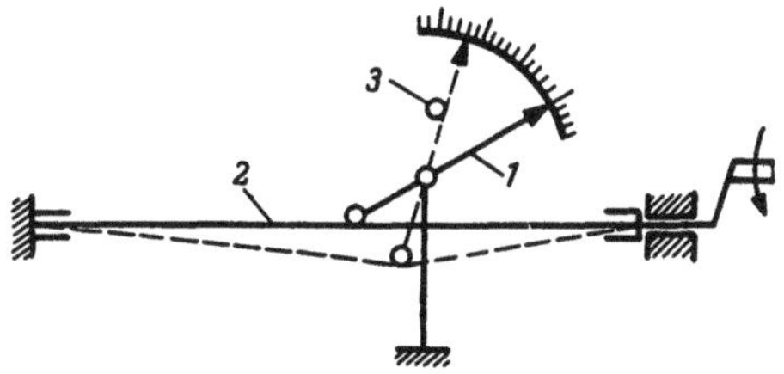

Abb. 7. Fühlerverfahren
(Aus: Melliand Textilber. *12* [1931], S. 445)

über die Faserparallellage hinweg verkürzt sich der Faden wieder und bringt den Fühlhebel in seine Nullage zurück. Die Anzahl der Drehungen ist die doppelte bezogen auf die der Einspannlänge. Der Spannungszustand muß bei Versuchsanfang und -ende genau kontrolliert werden.

Bei einem anderen Drehungszähler [33], bei dem das gleiche Fühlerprinzip angewendet wird, werden beide Klemmen in Rotation versetzt. Der Faden wird beidseitig auf- und wieder zugedreht, bis die infolge des aufliegenden Gewichtshebels entstandene Ausgangsbogenhöhe und der anfängliche Druck erreicht sind.

Nach einem Verfahren von CASASSOVICI [34] (Abb. 8) wird das zu prüfende Fadenstück als an zwei Punkten A und B fest eingespannter Balken betrachtet.

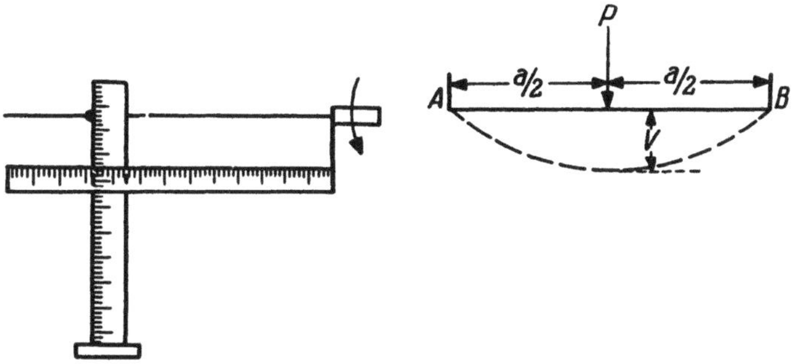

Abb. 8. Verfahren nach CASASSOVICI, TEODORESCU u. a.
(Aus: Melliand Textilber. *23* [1942], S. 163)

In der Mitte des Fadenstückes greift eine Kraft P an, die einen Durchhang V bewirkt. Die Größe der *Durchbiegung* hängt von der Größe der angreifenden Kraft sowie von der Einspannlänge, dem Elastizitätskoeffizienten des Fadens und dem Fadendurchmesser ab. Die Drehungsbestimmung erfolgt in der Weise, daß zu Beginn des Versuches in der Mitte des beidseitig eingespannten Fadenstückes ein Gewichtsstück angehängt und die Größe des Durchhanges mittels Lineals nach Abb. 8 bestimmt wird. Dann wird das Gewichtsstück abgenommen und das Fadenstück auf- und zugedreht. Danach wird das Gewichtsstück erneut angehängt und die Drehzahl so lange variiert, bis der Durchhang seinen Anfangswert erreicht hat. Das von CASASSOVICI angegebene Verfahren wurde später von den A. K. U.-Laboratorien [35] weiterentwickelt. Die Gewichtsbelastung des Fadens in der Mitte zwischen den beiden Klemmen wurde hierbei durch eine Waage mit Anschlagstift ersetzt, so daß die Durchhängung an einer Skala mit Zeiger abgelesen werden kann.

Eine noch anzutreffende Konstruktion, die als Vorläufer zu den Spannungsfühlern nach FRENZEL/HAHN (Abb. 1) und KUHN/ZWEIGLE (Abb. 6) anzusehen ist, ist das Fühlersytem nach LOUIS SCHOPPER [36]. Man benutzt als Meßgröße nicht mehr den Fadendurchhang, sondern bereits die Fadenverlängerung. Beim Drehungszähler nach SCHOPPER (Abb. 9) besteht der Fühler aus einem empfindlichen Zeigersystem 1, das sich im indifferenten Gleichgewicht befindet.

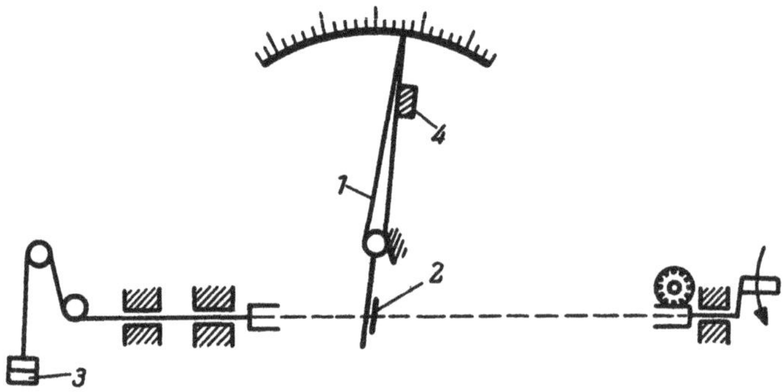

Abb. 9. Drehungszähler nach SCHOPPER

(Aus: Handbuch der Werkstoffprüfung. 2. Aufl., 5. Bd.: Die Prüfung von Textilien, Springer-Verlag, Berlin 1960, S. 309)

Am unteren Teil des Zeigers befindet sich die Federklemme 2 zum Einspannen des Fadens, der durch das Gewichtsstück 3 vorgespannt wird. Mittels eines Anschlaghebels 4 wird die Ausschlaglänge des Zeigers begrenzt und dadurch das Auseinandergleiten des Fadens unter der Wirkung der Vorspannkraft beim Aufdrehen vermieden. In einer Arbeit von GYIMESI [37] werden Versuche beschrieben, die den Einfluß der Einspannweise des Fadenstückes bei dieser Fühlerkonstruktion betreffen. Bei exzentrischer Fadeneinspannung (die Exzentrizität beträgt etwa 3,5 bis 4 mm) ergab sich im Vergleich zur zentrischen Einspannung eine Drehungsabweichung von etwa 1,9%. Nach SCHWARZ [38] ist es schwierig, mit dieser *Pendelvorrichtung* sowohl die Vorspannkraft als auch die Einspannlänge genau einzustellen. Er ist der Ansicht, daß das Pendel nicht in Richtung der Fadenachse, sondern rechtwinklig dazu ausschlagen müßte. Zur Erhöhung der Ablesegenauigkeit schlägt er vor, am oberen Teil des Pendels eine Kondensatorplatte anzubringen, die mit einer je nach Ausschlaggröße verstellbaren Platte zusammenwirkt. Erreicht die kapazitive Impedanz des Kondensators eine gewisse Größe, so schließt sich ein über eine Gitterröhre und einen Verstärker geschaltetes Relais und zeigt an, daß das Pendel die notwendige Spannung besitzt. Nachteilig ist der relativ hohe apparative Aufwand.

Eine im Prinzip ähnlich arbeitende Vorrichtung wird von DU BOIS [39, 40] angegeben. Das von DU BOIS abgeänderte Drehungsprüfgerät mit elektrischem

Antrieb, Fabrikat Defraine, wird automatisch stillgesetzt, sobald durch den Längenzeiger ein elektrischer Kontakt geschlossen wird. Über ein Relais wird der Antriebsmotor durch einen Bremsschuh abgebremst.

Die erwähnten Fühlerkonstruktionen sind im Vergleich zu den Spannungsfühlersystemen nach Frenzel/Hahn und Kuhn/Zweigle nicht sehr verbreitet. Die Spannungsfühlerkonstruktion nach Frenzel/Hahn (Abb. 1) ist denkbar einfach und zeichnet sich durch äußerst günstige Reibungsverhältnisse aus. Kuhn/Zweigle verwenden das gleiche Prinzip (Abb. 6), nur die Konstruktion des Spannungsfühlers ist unterschiedlich. Die in Richtung der Fadenachse bewegliche Klemme wird mittels Hebelübertragung auf einer Geraden geführt. Diese kompliziertere Konstruktion verursacht größere Reibung in den Gelenken und in der Lagerung.

Beim Spannungsfühlerverfahren ist den Reibungskräften besondere Aufmerksamkeit zu schenken. Die Drehungszähler sind bei erstmaliger Inbetriebnahme

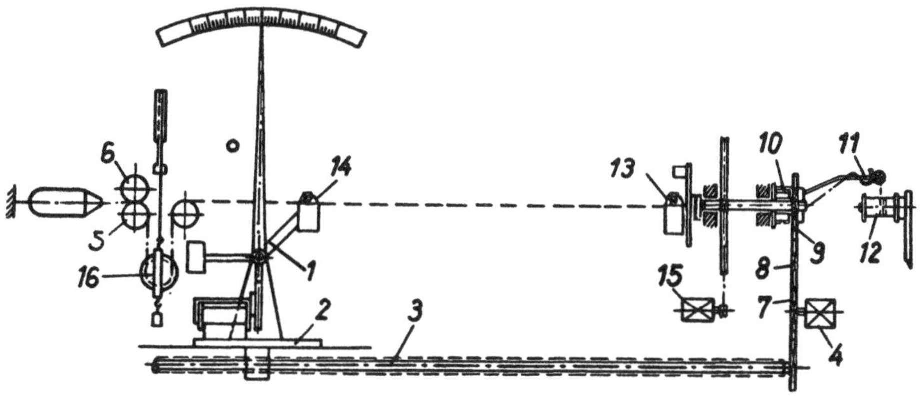

Abb. 10. Automatischer Garndrehungszähler (Versuchsgerät) nach Frenzel/Kuntze (Aus: Faserforsch. u. Textiltechn. 7 [1956], S. 58)

sowie später in gewissen Zeitabständen nachzueichen, um Differenzen auszugleichen. Vergleichsuntersuchungen [41] mit einem alten und einem neuen Drehungsprüfgerät einer anderen Herstellerfirma haben unter sonst gleichen Prüfbedingungen bemerkenswerte Unterschiede in der Drehungsangabe ergeben. Beim Überprüfen der Belastungseinrichtung mit einer Eltaslehre stellte sich eine Mehrbelastung von bis zu 20% heraus, die u. a. auf eine zu große Lagerreibung und auf ungenaue Markierungszeichen des Belastungshebels zurückzuführen ist. Diese Fehler lassen sich durch eine präzise Fertigung und evtl. durch eine nachträgliche Korrektur beheben.

Das von Frenzel/Hahn [29] entwickelte Prüfgerät (Abb. 1) diente später Frenzel und Kuntze [2] als Grundlage zur automatischen Drehungsbestimmung von Garnen. Alle Prüfvorgänge werden hierbei von dem automatischen Drehungszähler (Abb. 10) selbsttätig ausgeführt. Die Spannungsfühlervorrichtung 1 ist auf einem Wagen 2 gelagert; sie ist mit Hilfe einer Spindel 3 in horizontaler Richtung verschiebbar. Die Spindel wird von einem in seiner Drehrichtung umschaltbaren Motor 4 gedreht. Von der Spindel aus werden die Lieferwalzen 5 und 6 sowie über die Zahnräder 7, 8 und 9 über die Klinkenkupplung 10 der Fadenführer 11 angetrieben, der das geprüfte Fadenstück auf eine Reibungsrolle 12 aufwickelt. Die Einspannklemmen 13 und 14 sind durch Elektromagnete ersetzt. Die drehbare Klemme 13 wird durch den Motor 15 angetrieben. Die Vorspannkraft wird durch die lose Rolle 16 erzeugt, wobei der Faden beim Auf- und Zudrehen von den Lieferwalzen festgehalten wird. Der Ausgleich der Masse von Rolle 16 erfolgt durch eine Gegenmasse. Die gemessenen Garndrehungen können an einem Zählwerk abgelesen und einem Strichdiagramm entnommen werden. Bei der automatischen Drehungsbestimmung nach dem Spannungsfühlerverfahren entfallen alle subjektiven Einflüsse der Prüfperson.

Obwohl das übliche Spannungsfühlerverfahren wegen seiner Einfachheit sehr bestechend und deshalb von allen Verfahren am stärksten verbreitet ist, bestehen hinsichtlich der Versuchsbedingungen die verschiedensten Ansichten, die bis heute noch nicht geklärt sind. Nach JOHANNSEN [42] ist durch Vorversuche zu ermitteln, bei welcher Verlängerung das Fadenstück *auseinanderschleift*. Der Längenzeiger ist dann so einzustellen, daß er nur bis zur Hälfte dieses Ausschlages ausschlagen kann. Danach ist an weiteren Probestücken die richtige Vorspannkraft zu bestimmen. Man dreht hierzu das Fadenstück so weit auf, bis der Längenzeiger den eingestellten Ausschlagpunkt erreicht hat, und dreht anschließend das Fadenstück um den gleichen Betrag wieder zu. Geht der Längenzeiger nicht völlig bis zu seiner Nullstellung zurück, so ist die Vorspannkraft zu groß und umgekehrt. Diese Versuchsbedingungen haben sich nicht durchgesetzt, da es sicherlich langwierig ist, die richtigen Bezugsgrößen zu finden. In der Literatur finden sich keine Versuchsergebnisse nach den angeführten Bedingungen. Dies ist u. a. ein Zeichen dafür, daß sich diese Art des Spannungsfühlerverfahrens nicht bewährt hat. Die Praxis verlangt einfache, unkomplizierte Prüfbedingungen und -verfahren.

DE BACKER [43] führt das Spannungsfühlerverfahren bei einem konstanten Längenzeigerausschlag von 3 mm — wie es auch allgemein üblich ist [37, 43, 44, 45, 46] — durch. Vorspannkraft (0,10 p/tex) und Einspannlänge (500 mm) bleiben ebenfalls konstant. Zur Korrektur des üblichen Spannungsfühlerverfahrens wendet er bei der Drehungsermittlung an Baumwollgarnen die Methode der *Gegenprobe* an. Hierbei wird das eingespannte Fadenstück zweimal nach dem Spannungsfühlerverfahren auf- und zugedreht, bis der Längenzeiger jeweils seine Ausgangsstellung wieder erreicht hat. Benötigt man beim zweiten Versuch (Gegenprobe) wie beim ersten t Rückdrehungen, bis der Längenzeiger erneut auf Null steht, so ist die angezeigte Drehungszahl richtig. Werden aber K Drehungen mehr oder K Drehungen weniger gebraucht, so ist die angezeigte Drehung um den Faktor K nach der Formel

$$T = \frac{t - (\pm K)}{2} \tag{2}$$

zu korrigieren.

Das von DE BACKER angegebene Verfahren der Gegenprobe ist nicht neu, sondern wird bereits in SVMT 25–C 1051 [5] und in einem Bericht von DEFRAINE [47] beschrieben. Bei dem Gegenprobeverfahren werden die Fasern viermal gezwungen, ihre Lage zu ändern. Fehlergebnisse sind dadurch nicht ausgeschlossen. Das Verfahren benötigt etwa doppelt soviel Zeit wie das übliche Spannungsfühlerverfahren. Inwieweit es sich für sehr unterschiedliche Garnfeinheiten, Drehungsgrade und Faserstoffe eignet, geht aus den Untersuchungen nicht hervor. Nach Angaben von BELLELI [45] läßt sich zwar mit dem Gegenprobeverfahren die Genauigkeit teilweise verbessern, jedoch nicht in dem Maße, daß eine exakte Reproduzierbarkeit der Ergebnisse gewährleistet ist. Untersuchungen [46] mit Baumwollgarnen haben gezeigt, daß die an der Spinnmaschine eingestellte Drehung mit dem üblichen Spannungsfühlerverfahren (500 mm Einspannlänge, 3 mm Ausschlag, 0,10 p/tex Vorspannkraft) nur auf etwa 5 bis 6% und mit dem *Gegenprobeverfahren* auf 4 bis 5% genau reproduziert wird. Beide Methoden ergeben weder befriedigende noch übereinstimmende Ergebnisse. Man versuchte deshalb den Fehler dadurch zu verringern, daß für jede Garnfeinheit und jeden Drehungsgrad die *geeignete* Vorspannkraft berechnet wird.

Die Korrektur des Spannungsfühlerverfahrens durch die Gegenprobe scheint nach den Angaben in der Literatur nicht geignet zu sein, zufriedenstellende Ergebnisse für beliebige Probespannungen zu liefern, da selbst das Prinzip nicht bestätigt wurde. Die Tatsache, daß in Frankreich Drehungsprüfverfahren für Baumwollgarne — und wahrscheinlich auch für andere Garne — nicht standardisiert sind und demzufolge auch die unterschiedlichsten Versuchsbedingungen, z. B. in bezug auf Vorspannkraft, Ausschlaglänge usw., angewendet werden, führt dazu, daß die in verschiedenen Laboratorien ermittelten Ergebnisse stark voneinander abweichen. Unter diesem Gesichtspunkt dürfte das Gegenprobeverfahren infolge der einheitlichen Durchführung einen Fortschritt bedeuten.

Aus Drehungsuntersuchungen von WORNER [44] an kardierten Baumwollgarnen geht hervor, daß die mit dem üblichen Spannungsfühlerverfahren bei Anwendung eines konstanten Zeigerausschlages und einer konstanten Vorspannkraft (etwa 0,25 p/tex) festgestellte Drehung allgemein niedriger ist als die aus dem Getriebe der Spinnmaschine errechnete. Nach Ansicht WORNERS ist das Spannungsfühlerverfahren als standardisiertes Verfahren ungeeignet. TRUSLOW [28] empfiehlt, für Baumwollgarne eine Vorspannkraft von 3 p oder das Gewicht von 156–Ne_{B_w}-Fadenmasse zu verwenden. Vor dem Aufdrehvorgang soll die Vorspannkraft entfernt und das Spannungsfühlerverfahren spannungslos durchgeführt werden. Bei Versuchsende wird die Vorspannkraft wieder angelegt und die Drehung so verändert, daß der Längenzeiger seine Ausgangsstellung wieder erreicht. Bei Einhaltung dieser Versuchsbedingungen fällt die Drehungszahl tendenzmäßig zu niedrig aus. Die Untersuchungen von GYIMESI [37] und DU BOIS [39, 40] lassen ebenfalls nicht erkennen, bei welcher Vorspannkraft und Ausschlaglänge das Spannungsfühlerverfahren die richtige Drehung anzeigt.

LÖRCHER [48, 49] gibt zwei weitere Verfahren an, denen ebenfalls das Spannungsfühlerverfahren zugrunde liegt, die aber genauere Ergebnisse als das übliche Spannungsfühlerverfahren liefern sollen. Bei dem *Belastungsverfahren* wird das Fadenstück unter Vorspannkraft bei einer Einspannlänge von genau 500 mm eingespannt. Die Vorspannkraft von 0,10 p/tex wird dann um das Zwei- bis Vierfache vergrößert. Das Prüfstück dehnt sich dabei um einen bestimmten Wert, z. B. um 1,5 mm. Bei den anschließenden Versuchen werden alle Fadenstücke mit der vergrößerten Vorspannkraft mittels Längenzeiger auf diesen Längenwert (1,5 mm + 500 mm = 501,5 mm Einspannlänge) eingespannt. Der Ausschlag des Längenzeigers wird auf 5 mm begrenzt. Der Faden wird aufgedreht, bis der Längenzeiger den Anschlagpunkt erreicht hat, und dann wieder bis zur Nullstellung des Längenzeigers zugedreht. Die am Zählwerk registrierten Drehungen *a* werden notiert, das Zählwerk wird jedoch nicht auf Null gestellt. Nunmehr wird der Faden erneut aufgedreht und über die Faserparallellage hinweg wieder zugedreht, bis der Längenzeiger in seine Ausgangsstellung (Nullmarke) einpendelt (Zählerstand *b*). Der Zählerstand *b*, vermindert um den Zählerstand *a*, ergibt die Anzahl der Drehungen der doppelten Prüflänge, d. h. die Drehungen je Meter bei *500 mm Einspannlänge*. Ob die neue Einspannlänge (501,5 mm) genau erreicht wird, ist nach LÖRCHER von untergeordneter Bedeutung; wichtiger scheint nach seinen Ausführungen, daß der Prüfling in beiden Drehrichtungen genau bis zu dem gleichen Punkt, z. B. dem Nullpunkt, — 1 mm oder — 5 mm, gedreht wird.

Das Belastungsverfahren ist mit dem Längentastverfahren nach SNV 97451 [50] identisch und ähnelt auch dem Verfahren nach JOHANNSEN [42]. Abgesehen von den wirtschaftlichen Nachteilen und der komplizierten Durchführung kann das Belastungsverfahren infolge der ungenauen Festlegung der Belastungsgröße und der angeblich unwichtigen Angaben über Ausschlaglänge und Nullpunktdefinition zu abweichenden Ergebnissen führen. Untersuchungen an Baumwollgarnen [46] haben keine Übereinstimmung mit der an der Maschine eingestellten Drehungszahl ergeben; es werden zu hohe Drehungswerte angezeigt.

Bei dem zweiten Verfahren nach LÖRCHER, dem *Schleifdehnungs-* bzw. *Fasergleitverfahren*, werden wie beim MARSCHIKverfahren für ein Ergebnis zwei Proben benötigt. Das erste Fadenstück wird unter Vorspannkraft bei einer Einspannlänge von 500 mm so lange aufgedreht, bis die Fasern auseinanderschleifen (Zählerstand *a*). Für die zweite Probe wird der Längenzeigeranschlag auf 2 bis 3 mm begrenzt. Die zweite Probe wird — wie beim üblichen Spannungsfühlerverfahren — aufgedreht und über die Faserparallellage hinweg in entgegengesetzter Richtung zugedreht, bis der Längenzeiger auf Null steht. Jetzt wird der Zeigeranschlaghebel entfernt und das Fadenstück wieder bis zum Schleifpunkt (Zählerstand *b*) zurückgedreht. Die Zählerstände *a* und *b* werden addiert und ergeben die Drehungen der doppelten Einspannlänge. Damit der Schleifpunkt gut erkennbar ist, schlägt LÖRCHER vor, nach dem Einlegen des ersten Prüfstückes bei einer Vorspannkraft von 0,10 p/tex die Vorspannkraft um das Zwei- bzw. Dreifache zu erhöhen. Die dadurch eintretende Verlängerung wird dann als Ausgangspunkt für den Längenzeiger verwendet.

Nach LÖRCHER hat das Schleifdehnungsverfahren gegenüber dem Aufdrehverfahren bei Drehungsuntersuchungen an Baumwoll-, Woll-, Viskosefaser- und Ramiegarnen Abweichungen von maximal 5% ergeben.

Neuerdings wurde von LÖRCHER das Schleifdehnungsverfahren in seiner Durchführung weiter verbessert und die Konstruktion eines Prüfautomaten, der nach der angeführten Methode arbeitet, abgeschlossen. Mit dem Prüfautomaten soll u. a. eine ähnliche Prüfgenauigkeit wie beim Aufdrehverfahren erzielt werden.

Kontinuierliche Prüfverfahren zur Messung der Drehungsungleichmäßigkeit nach dem Prinzip des Spannungsfühlerverfahrens. In einem Patent von FRENZEL [51] wird ein Prüfgerät zur kontinuierlichen Messung der Drehungsungleichmäßigkeit an kurzen Fadenstücken nach dem Spannungsfühlerverfahren beschrieben (Abb. 11). An beiden Enden der Prüfstrecke 1 befinden sich zwei Walzenpaare 2, 3 und 4, 5, die den Fadentransport vornehmen und deren Antrieb mittels zweier

Motoren 6 und 7 über die Zahnräder 8 und 9 bzw. 10 und 11 im Sinne des axialen Fadenvorschubs synchron erfolgt. Das Ausgangswalzenpaar 2, 3 erhält durch einen weiteren Motor 12 zusätzlich Drehungen um die Fadenachse. Das Eingangswalzenpaar 4, 5 hängt an einem auf einer Schneide 13 pendelnden Hebel 14 und

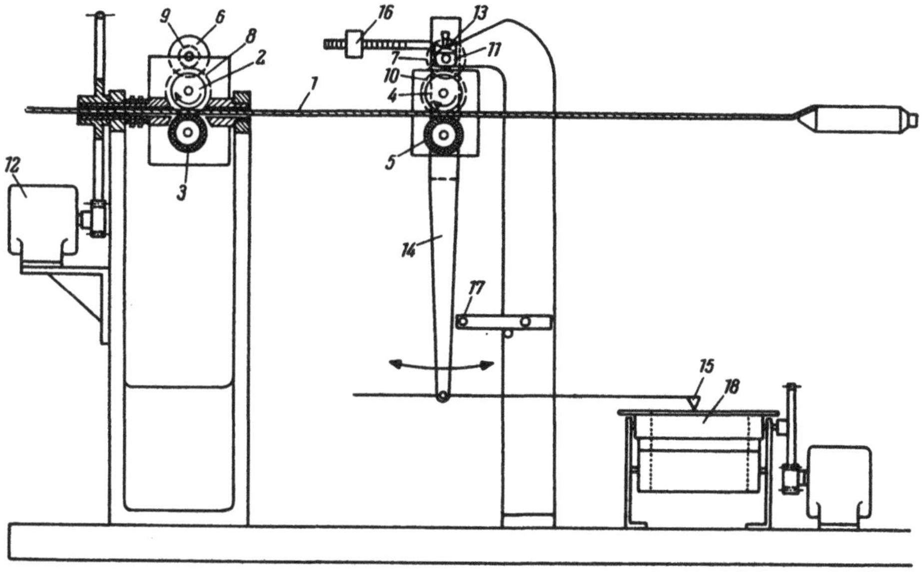

Abb. 11. Prüfgerät zur kontinuierlichen Messung der Drehungsungleichmäßigkeit nach FRENZEL/HAHN

(Aus: DWP 13 852 v. 18. 7. 1954, S. 2)

ist mit einer Schreibvorrichtung 15 gekoppelt. Durch das Ausgangswalzenpaar wird das Fadenstück auf- und wieder zugedreht. Die Vorspannkraft wird dem Faden durch die Belastungseinrichtung 16 innerhalb der Prüfstrecke erteilt. Der Blockierstift 17 begrenzt die Ausschlaglänge des Pendelhebels 14. In dem Augenblick, wo die Schreibfeder 15 während des Zudrehens die Nullinie des Diagrammes 18 erreicht hat, werden die beiden Synchronmotoren 6 und 7 zugeschaltet. Der Blockierstift wird aus dem Bereich des Pendelhebels heraus gebracht, so daß das Einführwalzenpaar, welches in Längsrichtung des Fadens frei beweglich ist, den Längungen und Kürzungen des Fadens folgen kann. Liefergeschwindigkeit sowie Drehzahl des Ausgangswalzenpaares zum Auf- und Zudrehen des Fadens werden aufeinander abgestimmt. Die Abweichungen, die beim durchlaufenden Faden in der Drehung auftreten, verlängern oder verkürzen den Faden innerhalb der Prüfstrecke. Die Längenänderungen werden über das Eingangswalzenpaar auf den bewegten Papierstreifen übertragen. Die Aufzeichnungen lassen sich dann als Gleichmäßigkeitsdiagramm auswerten.

UNO, MIURA und SHIOMI [52, 53] haben zur Bestimmung der Drehungsungleichmäßigkeit drei miteinander verwandte Geräte entwickelt, die nach dem Spannungsfühlerprinzip aufgebaut sind (Abb. 12). Das Grundprinzip bei allen drei vorgeschlagenen Geräten ist, daß der Faden 1 mit Hilfe einer *Twistscheibe* 2, die zwischen den Walzenpaaren 3, 4 und 5, 6 (Einführ- und Lieferwalzenpaar) angeordnet ist, auf- und zugedreht wird. Die Twistscheibe, die in ihrem Aufbau und in ihrer

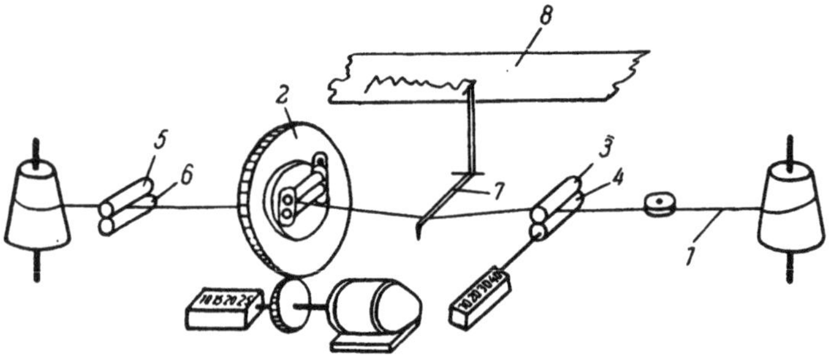

Abb. 12. Prüfgerät zur kontinuierlichen Messung der Drehungsungleichmäßigkeit nach Uno, Miura u. a.

(Aus: J. Textile Machinery Soc. Japan *9* [1956], S. 728)

Wirkungsweise einem Streichgarn-Drehstreckwerk entspricht, befindet sich zwischen zwei Festpunkten, so daß ein Falschdraht entsteht, d. h., ein Fadenteil wird auf- und der andere zugedreht. Der Faden wird kontinuierlich durch das Gerät geführt. Auf dem Fadenteil, der infolge des Falschdrahtes aufgedreht wird, lastet ein Fühlhebel 7, der sich je nach den Drehungsschwankungen im Faden auf- und abbewegt. Führt die Twistscheibe keine Drehbewegung aus, so läuft der Faden durch das Gerät hindurch, und der Fühlhebel zeichnet eine Gerade auf das Papier 8. Von Nachteil ist die nicht proportionale Übertragung der Drehungsschwankungen durch den Fühlhebel. Es wird deshalb vorgeschlagen, dem Fühlhebel entweder die Form einer Spannungsrolle zu geben oder durch eine U-förmige Fadenzuführung die zweite Umlenkrolle als Fühler auszubilden.

2.1.2. Optische Drehungsprüfverfahren und -geräte

2.1.2.1. Mikroskopische Verfahren zur Messung der Garndrehung nach A. Herzog

Der mikroskopischen Bestimmungsmethode nach A. Herzog [36, 54, 55, 56, 57, 58, 59, 60] liegt die Messung des mittleren Faserneigungswinkels und des mittleren wirklichen Garndurchmessers zugrunde. Aus beiden Größen lassen sich nach Abb. 13 folgende Beziehungen ableiten:

$$\tan \beta = \frac{d_w \cdot \pi}{h} \tag{3}$$

oder

$$h = \frac{d_w \cdot \pi}{\tan \beta}.$$

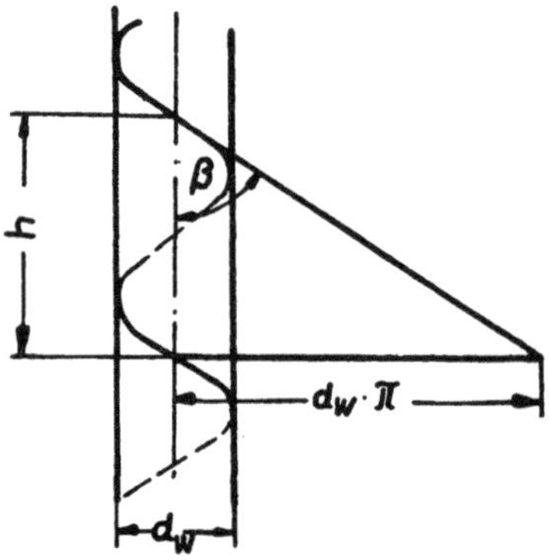

Abb. 13. Bestimmung des Faserneigungswinkels

Die Garndrehung ergibt sich aus

$$T = \frac{1}{h} \tag{4}$$

und errechnet sich für 1 m oder engl. 1 Zoll zu

$$T/1m = \frac{1000 \cdot \tan\beta.}{d_w \cdot \pi}, \tag{5}$$

bzw.

$$T/1'' \, engl. = \frac{25{,}4 \cdot \tan\beta}{d_w \cdot \pi}. \tag{6}$$

Hierin bedeuten:

β = mittlerer Faserneigungswinkel gegen die Fadenlängsachse in Winkelgraden
d_w = mittlerer Garndurchmesser in mm
T = Anzahl der Drehungen je Längeneinheit
$T/1m$ = $39{,}37 \cdot T/1''\, engl.$
h = Schraubenganghöhe je Längeneinheit einer am Umfang des Garnzylinders gedachten Einzelfaser

Die zu messenden Größen lassen sich in einfacher Weise bestimmen. Der Faserneigungswinkel wird entweder unter Zuhilfenahme eines Goniometerokulars gemessen und kann auf dessen Skala sofort abgelesen werden, oder man zeichnet mit einem Zeichenapparat bei schwacher Vergrößerung (unter 100fach) die seitlichen Begrenzungslinien und die Wendetangente an die Faserschraubenlinie des zu prüfenden Fadens in einfachen Strichen ab. Mit Hilfe eines Transporteurs kann dann β und mit einem Millimetermeßstab d_w unter Berücksichtigung der angewandten Vergrößerung gemessen werden. Als Beleuchtungsart wird Auflicht empfohlen. Zur schnelleren Auswertung der gefundenen Meßwerte wird von CIRR [61] ein Nomogramm (Dreileitertafel) angegeben, mit dessen Hilfe aus Faserneigungswinkel und Garndurchmesser sofort die Garndrehung je Zoll (engl.) bestimmt werden kann.

Aus Untersuchungen [22, 62, 63] geht hervor, daß es schwierig ist, die Wendetangente mit ausreichender Genauigkeit an die Faserschraubenlinie anzulegen und den Faserneigungswinkel genau zu messen. Vergleichsuntersuchungen mit dem Aufdrehverfahren ergaben größtenteils etwas zu geringe Drehungszahlen. E. WAGNER [22] hat einen Korrekturfaktor $k = 1{,}144$ abgeleitet, mit dem die Drehungszahl zu multiplizieren ist. Für die Berechnung der mittleren Drehungszahl ergeben sich folgende Endformeln:

$$T/1m = \frac{1000 \cdot \tan\beta \cdot k}{d_w \cdot \pi}, \tag{7}$$

$$T/1'' \, engl. = \frac{25{,}4 \cdot \tan\beta \cdot k}{d_w \cdot \pi}. \tag{8}$$

Die Drehungsmessung kann mit jedem Mikroskop erfolgen. Neuerdings wird auch das *Megascope* [64] bzw. das *Projektina*-Gerät [65] hierfür eingesetzt.

Das mikroskopische Drehungsmeßverfahren wird vor allem dann angewendet, wenn besonders kurze Fadenstücke oder sehr feine Gespinste vorliegen, bei denen das Aufdrehen nach der Aufdrehmethode nicht möglich oder sehr schwierig ist. Insonderheit wird es zur Drehungsbestimmung von Flachsnaßgespinsten angewendet. Vorteilhaft ist bei diesem Verfahren, daß das Prüfmaterial unbeschädigt bleibt und für weitere Untersuchungen verwendet werden kann. Allerdings dürfte die Drehungsmeßgenauigkeit des Verfahrens nicht sehr hoch sein, da sich die Winkel- und auch die Durchmesserbestimmung nicht genau ausführen läßt. Infolge abstehender Faserenden wird in der Regel ein zu großer Durchmesser festgestellt. Cirr [61] gibt eine Drehungsmeßgenauigkeit von 1% an, die aber wahrscheinlich nur in Sonderfällen zutrifft. Die mikroskopische Prüfmethode wird im allgemeinen kaum exakte Prüfergebnisse liefern und sollte demzufolge nur zur Orientierung dienen. Um die Meßfehler in Grenzen zu halten, sind zur Anwendung des Verfahrens nur qualifizierte Personen geeignet, die über genügend Kenntnisse in der Mikroskopie verfügen.

2.1.2.2. Messung des Fadendralls und der Drehungsungleichmäßigkeit mittels Stroboskops

In einem Patent von Stein [66] wird ein Verfahren zur Ermittlung des Fadendralls und der Drehungsungleichmäßigkeit angeführt. Der Faden wird mit einer bestimmten Geschwindigkeit am Beobachter vorbeigeführt und mit einem Stroboskop angeleuchtet. Die Frequenz der Lichtblitze wird so eingeregelt, daß die Drehung des Fadens stillzustehen scheint. Drehungsschwankungen lassen sich am scheinbaren Vorwärts- und Rückwärtslaufen des Fadens erkennen. Mit Hilfe einer leicht regelbaren Transporteinrichtung, die mit einer Anzeigevorrichtung verbunden ist, können die Drehungsabweichungen sichtbar gemacht werden.

Schröder [67] beschreibt ein vertikales, auf optisch-mechanischem Meßprinzip beruhendes Drehungsprüfgerät, das zur Drehungsprüfung an Kreppzwirnen, Effektgarnen und Seiden dient. Der Apparat besteht aus einer in Einspannrichtung verschiebbaren Vorrichtung zum Aufteilen des Fadens sowie aus einer optischen Einrichtung zur Beobachtung und Projektion.

2.1.3. Elektrische Drehungsprüfverfahren und -geräte

2.1.3.1. Messung der Drehungsschwankungen mit dem elektrokapazitiven Uster-Garngleichmäßigkeitsprüfer

Schlien [68] hat erstmalig den praktischen Zusammenhang zwischen Substanz- und Drehungsschwankungen an Hand eines Baumwollgarnes nachgewiesen. Er benutzte hierzu den nach dem elektrokapazitiven Meßprinzip arbeitenden Garngleichmäßigkeitsprüfer *Uster* und legte einen bestimmten Garn- und Papiervorschub fest. Der Empfindlichkeitsbereich betrug 100%. Von einem bestimmten Fadenstück wurde ein Usterdiagramm aufgenommen und anschließend die Prüflänge nach dem Aufdrehverfahren bei 10 mm Einspannlänge an hintereinander anschließenden Fadenstücken auf Drehung untersucht. Die erhaltenen Drehungsergebnisse wurden in das Usterdiagramm eingezeichnet. Aus beiden Kurven ergibt sich, daß die Drehung mit der Feinheit des Garnes zunimmt. Da nach der Beziehung

$$\frac{T_1}{T_2} = \frac{d_2}{d_1} \tag{9}$$

die Drehungen den dazugehörigen Garndurchmessern umgekehrt proportional sind, wurde zur weiteren Verdeutlichung der reziproke Wert der Drehungen in das Diagramm eingetragen. Die Kurven von der Substanz- und der Drehungsschwankung ergeben die gleiche Tendenz. Selbst bei gekreppten Garnen korrelieren die Drehungen mit den Garnfeinheitsschwankungen. Damit wurde der Nachweis geliefert, daß während des Spinnens die dünneren Garnstellen der Drehungserteilung einen geringeren Widerstand entgegensetzen und mehr Drehungen aufzunehmen in der Lage sind als die dickeren Stellen. Aus den Kurvenzügen der Substanzschwankungen können indirekte Rückschlüsse auf die Drehungsverteilung gezogen werden.

2.1.3.2. Photoelektrische Drehungsmeßmethoden

Zur Messung der Drehungsschwankungen von Reifencord wird von Goy [69] ein nach Gonsalves [70] entwickeltes photoelektrisches Meßgerät (Abb. 14) beschrieben, das wie folgt aufgebaut ist:

Lichtquelle (1) — Kondensorlinse (2) — Cord (3) — Linse (4) — Blende (5) — elektrische Photozelle (6)

Durch die Kondensorlinse wird ein Lichtbündel auf den Cord gerichtet, der mit konstanter Geschwindigkeit an Blende und Linse vorbeigeführt wird. Mit Hilfe

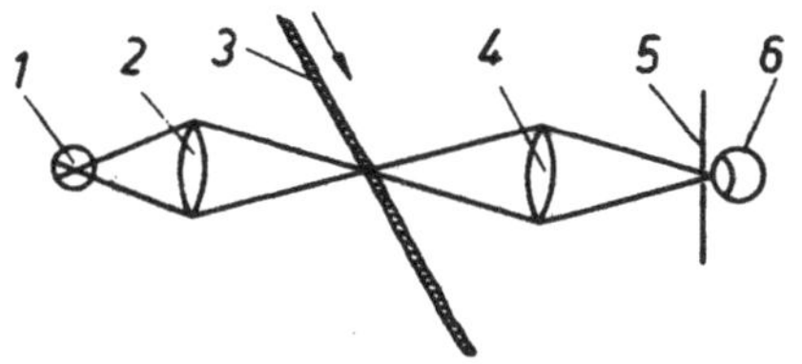

Abb. 14. Prüfgerät zur Bestimmung der Drehungsschwankungen von Reifencord nach Gonsalves

(Aus: Bericht zur 42. Jahrestagung des britischen Textile-Institute, Manchester, in Bournemouth 1957, S. 6)

der Photozelle werden die auftretenden *Täler* des Fadenprofils als Spannungsimpulse registriert. Die Zeitintervalle zwischen aufeinanderfolgenden Impulsen werden von einem Computor gemessen. Bei einem gleichmäßig gezwirnten Cord sind die Zeitintervalle zwischen den Impulsen konstant. Treten Drehungsschwankungen auf, so ergeben sich Ungleichmäßigkeiten in den Zeitintervallen. Jedes Intervall wird in den Kanälen des Computors eingetragen und daraus eine Drehungsverteilungskurve konstruiert.

Uno und Mitarbeiter [71] benutzten gleichfalls das photoelektrische Prinzip zur Messung des Steigungswinkels von Garnen und Seiden. Sie behaupten, daß der Steigungswinkel eine geeignetere Meßgröße sei als die Drehungszahl [72]. Der von den Genannten konstruierte Drehungsungleichmäßigkeitsprüfer beruht darauf, daß das reflektierte Licht von einem zwischen zwei Glasplatten zusammengepreßten Faden einen Höchstwert erreicht, wenn in einer Ebene senkrecht zu den umeinandergedrehten Fasern bzw. Elementarfäden gemessen wird. Es wird eine lineare Beziehung zwischen dem Drehungswinkel des Fadens und dem Höchstwert der reflektierten Lichtmenge, der symmetrisch zur Achse liegt und durch das Maximum der Kurve (Abb. 15) führt, angenommen. In Abb. 15 ist die Abhängigkeit der reflektierten Lichtmenge vom Drehwinkel (Neigungswinkel) wiedergegeben, wobei X_1 und X_2 die von den im Apparat (Abb. 16) befindlichen

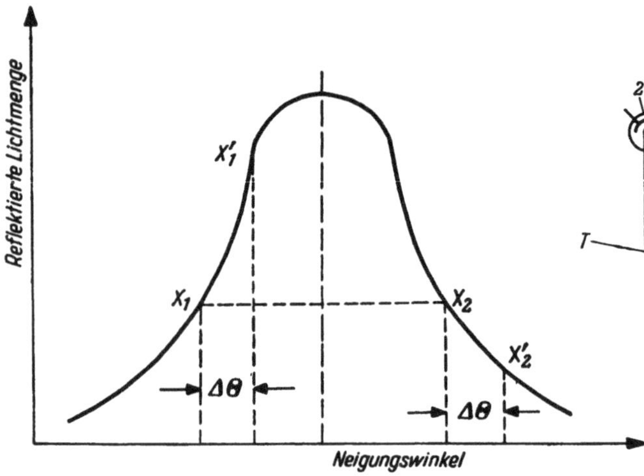

Abb. 15. Reflektierte Lichtmenge in Abhängigkeit vom Neigungswinkel

(Aus: Textile Res. J. *29* [1959], S. 552)

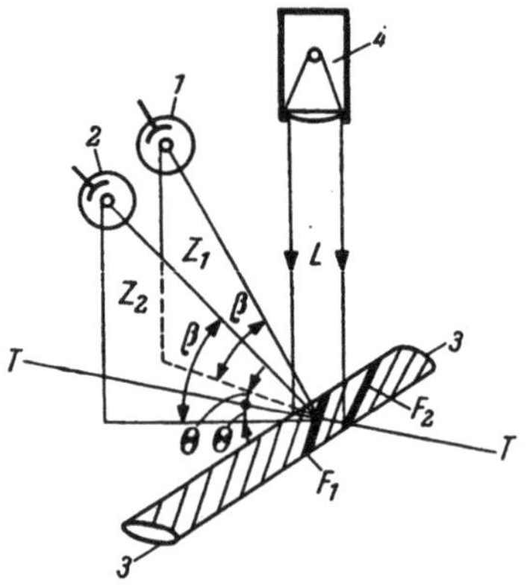

Abb. 16. Drehungsungleichmäßigkeitsprüfer nach Uno, Saito u. a.

(Aus: Textile Res. J. *29* [1959], S. 552)

Photozellen 1 bzw. 2 aufgenommenen Lichtmengen bedeuten. Die Photozellen sind in den Ebenen Z_1 und Z_2 angebracht, die den gleichen Neigungswinkel Θ zur Ebene LTT haben und senkrecht zur Faseroberfläche F_1 der flachgedrückten Probe 3 stehen. Das parallele Strahlenbündel der Lichtquelle 4 ist senkrecht zur flachen Oberfläche der Probe gerichtet. Die in gleicher Entfernung vom beleuchteten Punkt auf dem Faden befindlichen Photozellen messen gemäß Abb. 15 die gleichen Lichtmengen X_1 und X_2. Gelangt eine andere Faser F_2 unter den beleuchteten Punkt, deren Drehungswinkel um $\Delta\Theta$ größer als der von F_1 ist, so werden die beiden Photozellen die unterschiedlichen Lichtwerte X'_1 bzw. X'_2 anzeigen. Die beiden Lichtwerte werden elektrisch verstärkt und einem Stellmotor zugeführt, der die Ebenen Z_1 und Z_2 gemeinsam um den einfallenden Lichtstrahl dreht, bis der Ausgleich erfolgt ist. Der Drehwinkel entspricht dem Unterschied des Drehungswinkels der Fasern F_1 und F_2 und ist damit den Drehungsschwankungen im Faden identisch. Die Drehungswinkeländerungen werden selbsttätig aufgezeichnet.

2.2. Prüfverfahren und -geräte zur Drehungsbestimmung von Monofilen

Die gebräuchlichen Methoden zur Garn-, Seiden- und Zwirndrehungsmessung sind für Monofile ungeeignet [73]. Wegener [74] hat mit umfangreichen Untersuchungen an fixierten Perlonmonofilen nachgewiesen, daß das Bruchtorsionsverfahren nach Marschik eine zu hohe Standardabweichung der Einzelwerte mit sich bringt. Teilweise werden auch statistisch gesicherte Versuchsergebnisse mitgeteilt, die zwar u. a. Material-, Drehungs- und Dickenschwankungen vermuten lassen, jedoch auch auf die Unzulänglichkeit des Verfahrens zurückzuführen sind. Es wurde deshalb in letzter Zeit eine Reihe neuer Spezialverfahren zur Messung der Drehung von Monofilen entwickelt. Welches Verfahren am besten geeignet ist und evtl. für eine standardisierte Methode in Betracht kommt, steht noch nicht fest. Die Verfahren müssen noch in umfangreichen Vergleichsuntersuchungen erprobt werden. Der Vollständigkeit wegen sollen die Prinzipien der bisher bekannt gewordenen Verfahren kurz aufgezeigt werden.

2.2.1. Mechanische Drehungsprüfverfahren und -geräte

2.2.1.1. Drehungsbestimmung durch Aufdrehenlassen des Monofils nach Wegener

Wegener [74] nutzt die im Faden auch noch nach der Fixierung vorhandene Torsionsspannung des Monofils aus und verwendet das selbständige *Sichaufdrehen* des Fadens zur praktischen Drehungszählung. Damit sich alle Drehungen herausdrehen, wird am Faden eine Masse angehängt, die nur wenig unterhalb der Fadenreißlast liegen soll. Wegener wählte für seine Versuche eine Zugkraft von 100 p. Als Versuchsgerät dient ein Stativ mit Einspannklemme. An das frei hängende Fadenstück von 10 cm Länge wird am unteren Ende eine zweite Klemme mit der entsprechenden Masse angebracht. Nach Freigeben der unteren Klemme beginnt der Faden sich aufzudrehen. Infolge des von der angehängten Masse erzeugten Trägheitsmoments dreht sich der Faden nicht nur auf, sondern überdreht sich, wodurch auch die fixierten Drehungen gelöst werden und dadurch die Genauigkeit der Drehungsbestimmung begünstigt wird. Der Faden führt neben der Drehbewegung hin- und hergehende Schwingungen aus, die mehr und mehr abklingen, bis schließlich der Faden in der Ruhelage seinen drehungslosen Zustand erreicht hat. Um nicht die Nulldrehung bei der endgültigen Ruhelage des Fadens abwarten zu müssen, kann die Drehung bereits aus den ersten Schwingungen bestimmt und daraus mit guter Näherung auf die gesamte Drehung geschlossen werden. Die Methode des *Sichaufdrehenlassens* ist nach Angaben von Wegener für Perlon- und Nylonmonofile geeignet. Stark fixierte Polyamidfäden können ebenfalls der *Sichaufdrehmethode* unterzogen werden, wenn der sich aufdrehende Faden erwärmt wird.

2.2.1.1.1. Meßvorrichtung zur Drehungsbestimmung von Monofilen nach Kirchner

Bei dem von Kirchner [75] patentierten Meßverfahren zur Drehungsbestimmung von Monofilen wird ebenfalls wie bei Wegener [74] das selbständige *Sichaufdrehen* des Fadens zur Drehungsermittlung benutzt. Für das fortlaufende Zählen der Drehungen des eingespannten Monofilstückes werden von Kirchner Photozellen und Zählwerke vorgeschlagen.

Das zu prüfende Fadenstück wird in vertikaler Richtung am oberen Ende in einer feststehenden Klemme eingespannt und am unteren Ende mit einem an einer Klemme befestigten, vertikal gestellten einseitigen Spiegel belastet. Infolge des Aufdrehens des Monofils dreht sich der Spiegel und wirft dabei einen von einer Lichtquelle erzeugten Lichtstrahl nacheinander auf drei um den Spiegel angeordnete Photozellen. Trifft der Lichtstrahl auf eine Photozelle, so wird von dieser ein *Stromstoß* zum Weiterschalten von Zählwerken ausgelöst; von den beiden anderen Photozellen wird ein Umschalter betätigt und der *Stromstoß* je nach der Drehungsrichtung (S- oder Z-Drehung) einem Zählwerk für die Vorwärtsdrehungen oder einem für die Rückwärtsdrehungen zugeführt. Das Aufdrehen des Monofils wird von der angehängten Masse des Spiegels hervorgerufen, dessen Umdrehungen der Anzahl der Drehungen des eingespannten Fadenstückes entsprechen. An Stelle der beiden Zählwerke, deren Differenzbetrag die Drehungszahl der eingespannten Fadenlänge angibt, kann auch ein vor- und rückwärts schaltbares Zählwerk verwendet werden. Dabei wird der *Stromstoß* je nach Drehungsrichtung des Spiegels durch einen Umschalter jeweils einem der beiden Schaltsysteme des Zählwerkes zugeführt. Dieses zeigt dann die Drehungen des Fadenstückes als Differenz der Rechts- und Linksdrehungen des Spiegels direkt an.

Durch diese Meßvorrichtung wird die Prüfperson von dem anstrengenden und ermüdenden Zählen der Drehungen entlastet und gleichzeitig der subjektive Fehler beim Auszählen ausgeschaltet.

2.2.1.2. Drehungsbestimmung von Monofilen nach Owen

Eine ähnliche Methode zur Drehungsbestimmung von Nylonmonofilen wie die von Wegener wird von Owen [76] angegeben. Im Gegensatz zu den optischen Methoden, die mehr oder weniger komplette Apparaturen erfordern, erfolgt nach Owen die Drehungsermittlung mit Hilfe eines einfachen Apparates. Es wird angegeben, daß die Genauigkeit der Prüfergebnisse zwar der bei der optischen Methode von Astle-Fletscher (siehe Abschnitt 2.2.2.1.) etwas nachsteht, aber dennoch für viele praktische Zwecke ausreichend sein soll.

Owen nützt gleichfalls die Aufdrehneigung gedrehter Monofile unter Vorspannkraft zum Zählen der Drehungen aus. Bei Verwendung einer genügend großen Kraft und Erhitzen der Probe besteht die Möglichkeit, auch fixierte Drehungen vollständig herauszudrehen. Zur zahlenmäßigen Ermittlung der Drehungen verwendet Owen einen vertikalen Drehungszähler, bei dem der Träger der feststehenden Klemme entfernt wurde. Die untere Klemme, die vom Fadenstück gehalten wird, ist mit einem kleinen T-förmigen Messingteil versehen, an dessen unterem Ende ein Messinggewichtsstück angehängt wird, das etwa der halben Bruchlast des Monofils entsprechen soll (rd. 40 p für einen Faden von 15 den [1700 mtex]). Infolge zweier vertikal angeordneter Stäbe kann sich der T-förmige Stift nur um den Bruchteil einer Drehung bewegen. Auf der Grundplatte des Drehungszählers befindet sich ein mit Wasser gefülltes Gefäß.

Das Wasser wird auf Kochtemperatur erhitzt und die Zählscheibe auf Null gestellt. Dann wird das Monofil in die untere Klemme eingelegt, diese arretiert und das obere Fadenende in der rotierenden Klemme befestigt, wobei genau zentrisch eingespannt werden muß. Die Prüflänge beträgt 2 bis 3 inch. Die untere Klemme hängt frei, und mittels Lineals wird die genaue Einspannlänge überprüft. Nunmehr wird die Belastungsmasse angehängt, wodurch das Monofil um einen geringen Betrag aufgedreht wird, bis der horizontale Hebel die Anschläge berührt. Die Drehungen werden durch Rotieren der oberen Klemme aufgehoben, bis der Hebel zwischen den beiden Stäben frei hängt und keine Neigung zum Drehen in einer der beiden Richtungen mehr hat. Diese Einstellung braucht man nach Ansicht von OWEN nicht sehr genau vorzunehmen. Jetzt wird die Wärmezufuhr gedrosselt, so daß das Wasser zu sieden aufhört. Der gesamte Drehungsprüfkopf wird an einer Gleitschiene nach unten geschoben, bis das Prüfstück vollständig von heißem Wasser umgeben ist. Nach einigen Minuten dreht sich die angehängte Masse erneut. Es werden wiederum die Drehungen entfernt, bis der Hebel die Anschläge nicht mehr berührt und in dieser Stellung verharrt. Nunmehr hat die Drehungsablesung sehr sorgfältig zu erfolgen. Die abgelesene Drehung, dividiert durch die Einspannlänge, ergibt die Drehung je Längeneinheit. Bei Abnahme der Belastungsmasse kann der Fall eintreten, daß die Probe zum Rückdrehen neigt; man vermutet eine unvollständige Entfixierung der Drehung. Beträgt das Zurückdrehen nicht mehr als etwa zwei Umdrehungen oder 5% von der Gesamtzahl der Drehungen, so kann der Fehler vernachlässigt werden. Sonst muß die gemessene Drehungszahl um den Betrag der Rückdrehung korrigiert werden. Der Fehler läßt sich bei Verwendung einer größeren Vorspannkraft oder Verlängerung der Tauchzeit verringern.

2.2.1.3. Drehungsbestimmung von Monofilen nach Lörcher

Nach Versuchsergebnissen von LÖRCHER [49] scheint das Belastungsverfahren, das eine Kombination von Spannungsfühler- und MARSCHIKverfahren darstellt, u. a. auch für die Drehungsbestimmung von Perlonmonofilen geeignet zu sein. (Die Versuchsdurchführung des Belastungsverfahrens siehe unter Abschnitt 2.1.1.3.).

2.2.2. Optische Drehungsprüfverfahren und -geräte

2.2.2.1. Drehungsbestimmung von Monofilen nach Astle-Fletscher

In den Laboratorien der Forschungsgesellschaft der Wirker in Nottingham wurde ein Drehungsmeßverfahren für Nylonmonofile entwickelt, bei dem der Fadenorientierungswinkel in bezug auf die Fadenachse mit Hilfe des Polarisationsmikroskops gemessen wird [73].

Am Polarisationsmikroskop werden Polarisator und Analysator so lange gedreht, bis der Faden so dunkel wie möglich erscheint. In dieser Stellung ist das einfallende Licht um den Winkel $-\Theta_d$ gegen die Fadenachse geneigt (Winkel $-\Theta_d$ ist der durch die Drehung bedingte Neigungswinkel der Kettenmoleküle). Nun wird der Analysator — der Polarisator bleibt in Ruhestellung — so lange gedreht, bis der Hintergrund des Präparates dunkel erscheint. Man erhält damit die Differenz gegenüber der ersten Ablesung von $2\Theta_d$. Die Art der Drehbewegung des Analysators bei der zweiten Ablesung zeigt die Drehrichtung der vorliegenden Fadendrehung an, und zwar bedeutet eine Bewegung des Analysators im Uhrzeigersinn das Vorliegen einer S-Drehung und in entgegengesetzter Richtung einer

Z-Drehung. Die Drehung je Längeneinheit t kann aus dem Orientierungswinkel Θ_d und dem Fadendurchmesser d — kreisförmiger Querschnitt vorausgesetzt — nach der Beziehung

$$\tan \Theta_d = d \cdot \pi \cdot t \tag{10}$$

berechnet werden.

2.2.2.2. Verfahren zur Identifizierung der Drehung von texturierten Chemieseiden nach P.-A. Koch und Morawek

Mit der von P.-A. Koch und Morawek [77] entwickelten Methode läßt sich eine Drehung von texturierten Polyamid- und Polyesterseiden mit Hilfe des Polarisationsmikroskops nach den Interferenzfarben nachweisen. Da Seiden beim Texturieren starken Verdrehungs-, Knick- oder Stauchbeanspruchungen ausgesetzt sind, die bei der anschließenden Wärmebehandlung fixiert werden, wird die symmetrische Polarisationsstruktur der Polyamidseiden erheblich gestört. Jede diesbezügliche Veränderung beeinflußt den Verlauf bzw. die Folge der Polarisationsfarben, so daß Rückschlüsse gezogen werden können, ob es sich um fixierte Verdrehungen (bei Anwendung des *Helanca*-Verfahrens), Stauchstellen (*Ban-Lon* oder *Ondu-Lon*-Verfahren) oder um Deformationen des Querschnittes (bei *Agilon*) handelt.

2.2.3. Chemische Drehungsprüfverfahren

2.2.3.1. Drehungsbestimmung von Monofilen nach Larose

Larose [78] benutzt zum Aufdrehen eines Nylonmonofils eine 2,4 bis 2,7%ige Lösung von Phenol in Cyclohexan bei einer Temperatur von 22 °C.

Ein 4 inch langes Fadenstück wird mit Gummilösung auf zwei kleine Kartonstreifen geklebt. Das eine (untere) Kartonstückchen soll etwa eine Masse von 0,2 bis 0,3 g haben und dient zum Strecken des Monofils und zum Zählen der Drehungen beim Aufdrehen des Fadens. Am oberen Ende wird der Faden mit einer an einem Kork befestigten Klemme aufgehängt. Der Kork befindet sich am oberen Verschlußteil eines Röhrchens, das die erwähnte Lösung enthält. Der Faden dreht sich in der Lösung zunächst sehr langsam auf, nach kurzer Zeit schneller und dann erneut langsamer. Gegen Ende des schnellen Aufdrehens schrumpft das Monofil sehr rasch. Larose nimmt an, daß sich der Faden bei Eintritt des Schrumpfens um die halbe Anzahl der Drehungen aufgedreht hat, die er insgesamt besitzt. Es genügt also, die Anzahl der Drehungen bis zum plötzlichen Schrumpfen zu ermitteln. Um die Gesamtzahl der Drehungen je Prüflänge zu erhalten, werden die festgestellten Drehungen, die sich aus den ermittelten Drehungen des Fadens in der Lösung und vor Eintauchen in die Lösung zusammensetzen, mit 2 multipliziert.

2.2.3.2. Nachweis von Drehungen und deren Richtung nach Astle-Fletscher

Nach Astle-Fletcher [73] läßt sich an Nylonmonofilen das Vorhandensein von Drehungen und deren Richtung schnell und einfach nachweisen, wenn an einer Schlinge des Monofils ein kleines Gewichtsstück angehängt und das Monofil in den Dampf kochender Ameisensäure eingehängt wird. Dreht sich das angehängte Gewichtsstück im Uhrzeigersinn, so deutet dies auf die Anwesenheit von S-Drehungen hin; liegen Z-Drehungen vor, so dreht sich das Gewichtsstück entgegen dem Uhrzeigersinn.

2.3. Sonstige Prüfungen mit Drehungsprüfgeräten

Mit dem üblichen Drehungszähler lassen sich nach einem Verfahren von KRAUTER [79] periodisch wiederkehrende Drehungsschwankungen im Garn in einfacher Weise sichtbar machen. Das Garn, das auch aus Flächengebilden stammen kann, wird auf einen in den Drehungszähler eingespannten, etwa 8 mm dicken Stab aufgewunden. Der mit fehlerhaftem Garn bewickelte Stab erscheint meist stark geringelt. Je nach der Art des Fehlers treten ganz charakteristische Erscheinungen auf. Aus dem Stabumfang und der Anzahl der Windungen läßt sich die Periode berechnen. In sehr schwierigen Fällen ist die Untersuchung im Halbdunkel oder in farbigem Licht durchzuführen.

Im Gegensatz zu den üblichen Drehungszählern besteht bei dem von FRENZEL [29] entwickelten Prüfgerät (Abb. 1) die Möglichkeit, unter Verwendung von Hilfsklemmen aneinander anschließende Garn- oder Zwirnstücke von je 1, 2, 3, 4, 5, 10 oder 50 cm Länge auf Drehung zu untersuchen. Da zwischen den einzelnen Prüflängen kein Fadenteil ungeprüft bleibt, lassen sich die ermittelten Einzeldrehungswerte zu einer graphischen Darstellung vereinigen, die ein Bild von der Drehungsgleichmäßigkeit der betreffenden Fadenlänge ergibt.

Von DUBACH [80, 81] wird der handangetriebene *Optimal-Drehungszähler* (Abb. 17) beschrieben, der es gestattet, gleichzeitig an mehreren Fadenstücken Untersuchungen vorzunehmen. Es können insgesamt 20 Fadenstücke von 250 oder 500 mm Länge eingespannt und geprüft werden. Nach Anbringen einer Spezialvorrichtung lassen sich mit dem *Optimal-Drehungszähler* auch Drehungsprüfungen nach dem Spannungsfühler- sowie nach dem MARSCHIKverfahren durchführen. Ferner kann dieser Drehungszähler zur Zwirnprüfung, zur Aufnahme von Drehungslängencharakteristiken von Seiden [81] sowie zur Bestimmung des Drehungsoptimums, zu Wechsellast-, Festigkeits- und Wechseltorsionsuntersuchungen herangezogen werden.

P.-A. KOCH [82] benutzt das übliche Drehungsprüfgerät zur Ermittlung des Bruchverdrehungswinkels. Mit dem Drehungszähler nach FRENZEL/HAHN [29] können Haftfähigkeitsmessungen von Garnen [29] sowie Torsionsfestigkeits- und Bruchdrehungsermittlungen [83, 84, 85] ausgeführt werden.

Neuerdings wird im Drehungsprüfer an Stelle der festen Klemme mit Vorteil der Eltasmeßkopf eingesetzt, um den Verdrehungswiderstand von Garnen und Zwirnen [86] zu messen.

BARELLA [87, 88] bestimmt mit Hilfe des Drehungszählers das *Torsionsminimum der Kohäsion*, auch *minimale Drehungsbindekraft* oder *Restdrehung* genannt, worunter die Drehungszahl verstanden wird, die noch zu dem Zeitpunkt vorhanden ist, in dem der Faden durch Gleiten der Fasern zerreißt. Die Größe der *minimalen Drehungsbindekraft* läßt Rückschlüsse auf die Einwirkung von Schmälze und anderen Mitteln auf den Faserstoff zu.

Den vorstehenden Betrachtungen ist zu entnehmen, daß zwar eine Vielzahl von Prüfverfahren und -geräten zur Bestimmung der Garndrehungen entwickelt wurde, aber keine exakten Prüfbedingungen vorliegen. Es existieren nur vereinzelte und sehr unterschiedliche Angaben über die mit den verschiedenen Garn-

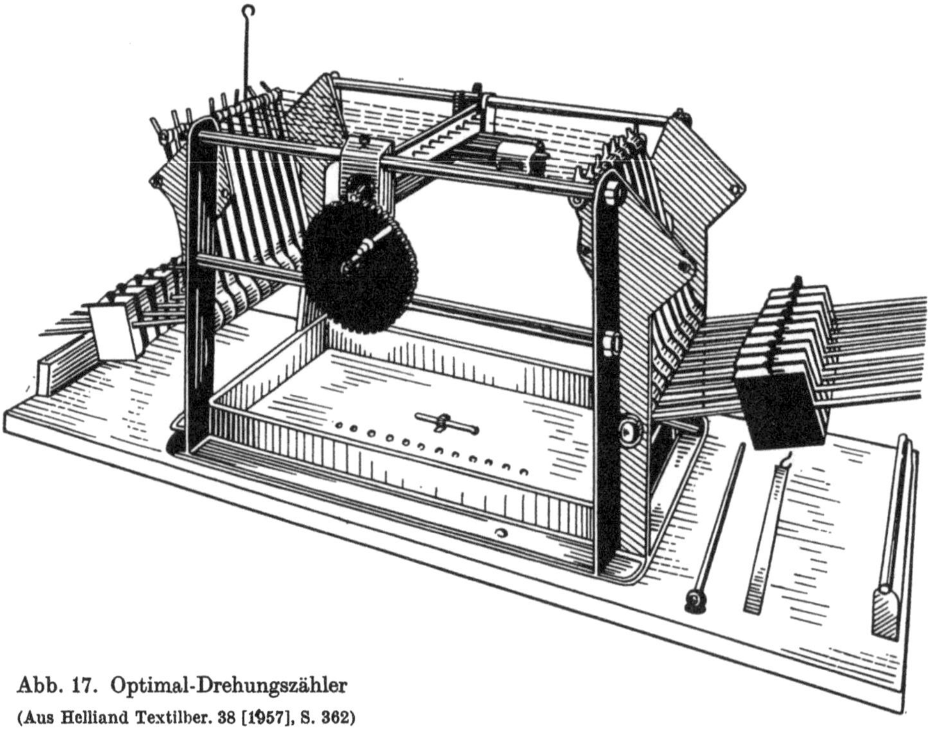

Abb. 17. Optimal-Drehungszähler
(Aus Helliand Textilber. 38 [1957], S. 362)

drehungsprüfverfahren erzielbare Meßgenauigkeit. Wenn hin und wieder Andeutungen gemacht werden, dann sind diese mit Vorbehalt aufzunehmen, da die als Bezugspunkt gewählte *Solldrehung* auf den verschiedensten Annahmen beruht, die Fehlurteile nicht ausschließen. Es gibt bisher noch kein *Drehungstestgarn*, wonach die Verfahren in bezug auf Genauigkeit und Reproduzierbarkeit der Drehung objektiv beurteilt werden könnten.

Die vorliegenden Angaben über das Spannungsfühlerverfahren sind unzureichend und unterscheiden sich im einzelnen sehr stark voneinander. Aus ihnen kann nicht abgeleitet werden, bei welcher Vorspannkraft, Einspannlänge, Zeigerausschlaglänge, Klemmendrehzahl und bei welchem Stichprobenumfang das Verfahren richtige Drehungswerte reproduziert. Über den Einfluß des Faserstoffes, der Garnfeinheit und des Drehungsgrades beim Spannungsfühlerverfahren sind bisher keine bzw. nur unzureichende Untersuchungen vorgenommen worden.

3. Herstellung von Drehungstestgarnen zur Beurteilung von Drehungsprüfverfahren

Zur Ermittlung der Eigenschaften von Fasern, Garnen oder Geweben dienen größtenteils unterschiedliche Textilprüfgeräte und -typen sowie Prüfverfahren, die alle die genaue Wiedergabe der Eigenschaften in Form eines Zahlenwertes oder Kurvenverlaufes bezwecken.

Bei einem Vergleich der mit verschiedenen Prüfgeräten oder -verfahren ermittelten Werte stellt sich immer wieder heraus, daß sich bei gleichen Prüfbedingungen oft recht erhebliche Unterschiede ergeben [89, 90]. Diese Schwankungen sind nicht allein auf die beispielsweise voneinander abweichenden Prüfverfahren zurückzuführen. Die Ergebnisse werden in starkem Maße auch von dem Prüfgut beeinflußt und verfälscht. Es ist jedoch nicht immer möglich, Prüfguteinflüsse auszuschalten, da sich eine genaue theoretische Vorausberechnung der Eigenschaft infolge der Inhomogenität der textilen Gebilde nicht oder nur näherungsweise durchführen läßt. Erstmalig wurde von Frenzel [91, 92, 93] und später von Stein [94] ein Verfahren entwickelt, das unter Verwendung eines Testfadens die bei Garnverarbeitungsmaschinen tatsächlich auftretenden, mehr oder weniger großen Fadenbeanspruchungen zu bestimmen gestattet. Eine Verfälschung der Meßergebnisse durch das Prüfgut wird bei Verwendung des Testfadens vermieden.

Um Drehungsprüfverfahren objektiv beurteilen zu können, müssen *Drehungstestgarne* zur Verfügung stehen, von denen die beim Spinnen erteilten mittleren tatsächlichen Drehungen genau bekannt sind.

Bisher hat man teilweise die nach der Getriebeskizze der Ringspinnmaschine errechneten Drehungen als Grundlage für Drehungsuntersuchungen [21, 22, 37, 39, 40, 46] bzw. für die Überprüfung neuer Drehungsprüfverfahren [43, 45, 46, 49] benutzt. Teilweise dienen auch die mit Hilfe des Aufdrehverfahrens [5, 22, 43, 44, 45, 46, 49] ermittelten Drehungswerte als Grundlage für weitere Betrachtungen.

In beiden Fällen wird vorausgesetzt, daß die zugrunde gelegte Drehung gleich der mittleren Solldrehungszahl ist. Die eine wie die andere Methode ist in Frage zu stellen. Bei der ersten bleiben die drehungsbeeinflussenden Faktoren beim Ringspinnprozeß unbeachtet, und bei der zweiten kann nicht für die objektive Wiedergabe der Prüfwerte garantiert werden. Das Aufdrehverfahren liefert selbst bei einem verhältnismäßig umfangreichen Stichprobenumfang nicht immer befriedigende Ergebnisse. Es ist deshalb nicht verwunderlich, daß sich zwischen *praktischer* und *theoretischer* Drehung oftmals erhebliche und unerklärliche Differenzen ergeben [95].

Man hat auch versucht, durch *Auszählen* der Garnwindungen auf die *Solldrehung* zu schließen [44, 46]. Zur Kenntlichmachung der Windungen wurden melierte Garne nach dem Baumwollspinnverfahren aus zwei unterschiedlich gefärbten Vorgarnen (hell- und dunkelblau oder weiß und blau) hergestellt. Beim Auszählen wird angeblich eine Genauigkeit von ± 1 Drehung [46] erreicht. Abgesehen von der langwierigen, komplizierten Drehungszählung und den dabei auftretenden subjektiven Fehlern ist diese Methode nicht für alle Garnfeinheiten und -arten geeignet. Baumwollgarne wurden bis etwa Nm 50 [20 tex] untersucht [44, 46]. Für feinere Garne dürfte ein sicheres Erkennen der Garnwindungen sehr schwierig bzw. ausgeschlossen sein. Stark verfilzte und haarige Garne lassen ebenfalls ein genaues Auszählen nicht zu. Inwieweit die Farbe auf die Drehungserteilung Einfluß hat, ist noch ungeklärt. Diese Methode ist ferner bei Streichgarnen nicht anwendbar, da der Feinspinnprozeß kein Dublieren zuläßt. Für grundlegende Untersuchungen ist die *Auszählmethode* ungeeignet.

Eine andere, in der Praxis häufig verwendete Art zur Bestimmung der angeblichen *Solldrehung* beruht darauf, daß man einen bereits fertigen farbigen Faden im Lieferwalzenpaar der Feinspinnmaschine zulaufen läßt und die so entstandenen *farbigen* Windungen auszählt. Auch diese Methode muß abgelehnt werden, da infolge Zuführung des farbigen Zusatzfadens die Drehungszahl beeinflußt wird; die Garnfeinheit verändert sich und damit auch der Einspinnungsgrad. Die auf diese Weise ermittelten Drehungen können nicht auf das *einfache Garn ohne Zusatzfaden* übertragen und als tatsächliche Drehungen definiert werden.

Die bisher bekannt gewordenen Verfahren sind zur Bestimmung der Solldrehung ungeeignet. Es ist erforderlich, eine neue Meßmethodik zu entwickeln, die im einzelnen folgende Forderungen erfüllen muß:

1. Das Drehungstestgarn ist unter üblichen Spinnbedingungen zu fertigen.
2. Die Meßmethode muß sich für alle Garnfeinheiten und -arten anwenden lassen,
3. bei hoher Meßgenauigkeit die Angabe der mittleren tatsächlichen Drehung auf ± 1 Drehung je Meter ermöglichen,
4. reproduzierbare Werte ergeben,
5. subjektive Einflüsse ausschalten.

3.1. Einflußfaktoren bei der Fertigung von Drehungstestgarnen

3.1.1. Bewicklungsdurchmesser

Aus der Definition des Drehungsgesetzes

$$T_M = \frac{n_{Spi}}{L} \text{ [Dreh./m]} \tag{11}$$

geht hervor, daß die Spindelumdrehungen als Drehungen in das Garn übergehen. Bekanntlich ist aber der Ringläufer und nicht die Spindel das drahtgebende Organ an der Ringspinnmaschine. Infolge der kegeligen Bewicklung des Kopses ändert sich fortwährend der Bewicklungsdurchmesser. Da bei der Ringspinnmaschine die Lieferung des Streckwerkes und die Spindeldrehzahl konstant sind, aber an der Kegelspitze (kleiner Durchmesser) weniger Fadenlänge aufgewunden wird als an der Kegelbasis (großer Durchmesser), muß die Änderung der Läuferdrehzahl einen Ausgleich schaffen. Die Läuferdrehzahl und damit auch die Anzahl der Drehungen im Garn sind also nicht gleich der konstanten Spindeldrehzahl, sondern ändern sich laufend von der Kegelbasis bis zur -spitze und umgekehrt. Theoretisch können diese Verhältnisse wie folgt nachgewiesen werden:

Erfolgt das Aufwinden der in der Zeiteinheit gelieferten Fadenlänge L ohne Berücksichtigung der Einspinnung auf den Spitzendurchmesser d_{Sp} und führt der Ringläufer dabei n_{LSp} Umdrehungen aus, so erhält man für die Windungszahl

$$w_{Sp} = n_{Spi} - n_{LSp} = \frac{L}{d_{Sp} \cdot \pi} . \tag{12}$$

Für den Basisdurchmesser d_{Ba} gilt entsprechend

$$w_{Ba} = n_{Spi} - n_{LBa} = \frac{L}{d_{Ba} \cdot \pi} . \tag{13}$$

Werden die Gleichungen (12) und (13) nach der Läuferdrehzahl aufgelöst und durch die von der Vorderwalze abgelieferte Länge L dividiert, so ergibt sich für die Anzahl der Drehungen an dem *Spitzendurchmesser*

$$T_{Sp} = \frac{n_{Spi}}{L} - \frac{1}{d_{Sp} \cdot \pi} = \frac{n_{LSp}}{L} , \tag{14}$$

an dem *Basisdurchmesser*

$$T_{Ba} = \frac{n_{Spi}}{L} - \frac{1}{d_{Ba} \cdot \pi} = \frac{n_{LBa}}{L} . \tag{15}$$

Weil $d_{Sp} < d_{Ba}$ ist, muß nach den Gleichungen (12) und (13) auch $n_{Spi} - n_{LBa} < n_{Spi} - n_{LSp}$ sein. Das ist aber nur der Fall, wenn $n_{LBa} > n_{LSp}$ ist. Daraus folgt nach (14) und (15) $T_{Ba} > T_{Sp}$. Das Garn hat somit keine konstante Drehungszahl. Die effektive Garndrehung je Längeneinheit ist um soviel geringer, als der Läufer an Umdrehungen gegenüber den Umdrehungen der Spindel zurückbleiben muß, um das Garn aufzuwinden. Beim Aufwinden an der Basis erhält das Garn mehr Drehungen als an der Spitze, aber in beiden Fällen stets weniger als das Verhältnis n_{Spi}/L angibt.

Der Drehungsunterschied zwischen Basis und Spitze ist

$$\Delta T' = T_{Ba} - T_{Sp} = \frac{d_{Ba} - d_{Sp}}{d_{Sp} \cdot d_{Ba} \cdot \pi} \tag{16}$$

und beträgt maximal 1 bis 2% [96, 97, 98, 99, 100]. Wird später der Faden über Kopf abgezogen, wie es auch allgemein bei Ringspinnkopsen üblich ist [13, 101], so gleichen sich die Drehungsunterschiede aus. Beim Abziehen jeder Windung ergibt sich eine zusätzliche Drehung auf eine Fadenlänge, die gleich der Länge einer Windung ist. Es entsteht also zusätzlich eine Drehung für den Basis- und Spitzendurchmesser:

$$\frac{1}{d_{Ba} \cdot \pi} \quad \text{und} \quad \frac{1}{d_{Sp} \cdot \pi}$$

Nach dem Abwinden ist die Drehung der Fadenlänge an der Basis

$$T_{Ba} = \frac{n_{Spi}}{L} - \frac{1}{d_{Ba} \cdot \pi} + \frac{1}{d_{Ba} \cdot \pi} = \frac{n_{Spi}}{L} \tag{17}$$

und an der Spitze

$$T_{Sp} = \frac{n_{Spi}}{L} - \frac{1}{d_{Sp} \cdot \pi} + \frac{1}{d_{Sp} \cdot \pi} = \frac{n_{Spi}}{L}. \qquad (18)$$

Damit ist erwiesen, daß bei Abzug über Kopf von einem Ringspinnkops ein Drehungsausgleich im Garn stattfindet und das allgemeine Drehungsgesetz (11) Gültigkeit hat.

3.1.2. Ringbankgeschwindigkeit

Zur Vereinfachung der Aufwindetheorie der Ringspinnmaschine wird nicht selten auf die Aufwindegesetze des Flyers Bezug genommen [97, 101, 102], obwohl in Form und Aufbau der Spulenkörper grundsätzliche Unterschiede bestehen. Während die Flyerspule aus zylindrischen Schichten mit konstanter Steigungshöhe der Fadenwindungen entsteht, wird der Ringspinnkops aus kegeligen Schichten gebildet, die einerseits mit kleiner (Hauptwindungen) und andererseits mit großer Steigungshöhe (Kreuzwindungen) auf den Kegel gewunden werden. Wenn also den tatsächlichen Spinnverhältnissen Rechnung getragen werden soll, dann muß die veränderliche Ringbankgeschwindigkeit bei der Drehungsberechnung mit herangezogen werden.

In der Literatur ist verschiedentlich versucht worden, den Einfluß der veränderlichen Ringbankgeschwindigkeit auf die Drehungsverteilung im Garn rechnerisch zu erfassen. So wird von BRUNKEN [103] ein vereinfachtes Verfahren angegeben, wonach die Drehungsunterschiede angenähert ermittelt werden können. ROEMMELT [104] und REINFELD [105, 106] gehen bei der Ableitung der Bewegungsgesetze des Ringläufers von der Archimedischen Spirale aus. Ersterer betrachtet dabei die Ringbankgeschwindigkeit als konstanten Faktor. Diese Voraussetzung stimmt aber nicht mit den tatsächlichen Verhältnissen überein, wie von REINFELD nachgewiesen wird. REINFELD erhält für die Berechnung der Garndrehung unter

Tabelle 1. Drehungsunterschiede bei Auf- und Abwärtsgang der Ringbank (berechnet nach

Garnart	Nm_{Ist} [m/g]	L [m/min]	n_{Spi} [min^{-1}]	H [mm]	d_{Ba} [mm]	d_{Sp} [mm]	t_{Auf} [s]	t_{Ab} [s]	d [mm]
Baumwollgarn, gekämmt	21,8 [46 tex]	18,15	9500	46	44	21	7,2	2,4	21
									30
									35
									44
Viskosefaser-streichgarn	12,3 [80 tex]	8,78	2656	54	48	14	6,4	22,4	14
									20
									30
									40
									48

Berücksichtigung der veränderlichen Ringbankgeschwindigkeit folgende Beziehungen:

Aufwärtsgang der Ringbank

$$T_{Auf} = T_M - \frac{30 \cdot H \cdot d_{Ba} \cdot (1 + q)}{t_{Auf} \cdot d^2 \cdot \pi \cdot L} \text{ [Dreh./m]} \quad (19)$$

Drehungsdifferenz nach (19)

$$\Delta T_{Auf} = - \frac{30 \cdot H \cdot d_{Ba} \cdot (1 + q)}{t_{Auf} \cdot d^2 \cdot \pi \cdot L} \text{ [Dreh./m]} \quad (20)$$

Abwärtsgang der Ringbank

$$T_{Ab} = T_M + \frac{30 \cdot H \cdot d_{Ba} \cdot (1 + q)}{t_{Ab} \cdot d^2 \cdot \pi \cdot L} \text{ [Dreh./m]} \quad (21)$$

Drehungsdifferenz nach (21)

$$\Delta T_{Ab} = + \frac{30 \cdot H \cdot d_{Ba} \cdot (1 + q)}{t_{Ab} \cdot d^2 \cdot \pi \cdot L} \text{ [Dreh./m]} \quad (22)$$

Hierin bedeuten:

T_{Auf}, T_{Ab} = Anzahl der Drehungen je Meter bei Ringbankauf- bzw. -abwärtsgang
T_M = Anzahl der an der Maschine eingestellten Drehungen je Meter
ΔT_{Auf}, ΔT_{Ab} = Drehungsdifferenz bei Ringbankauf- bzw. -abwärtsgang [Dreh./m]
H = Ringbankhub [m]
d_{Ba} = Basisdurchmesser [m]
d = Kegeldurchmesser [m]
L = Liefergeschwindigkeit der Vorderwalze [m/min]
t_{Auf}, t_{Ab} = Hubzeit bei Ringbankauf- bzw. -abwärtsgang [s]
$q = d_{Sp}/d_{Ba} < 1$
30 = Umrechnungszahl (Dimension: s/0,5 min)

Reinfeld [105, 106])

Aufwärtsgang			Abwärtsgang		
T_M [Dreh./m]	ΔT_{Auf} [Dreh./m]	T_{Auf} [Dreh./m]	T_M [Dreh./m]	ΔT_{Ab} [Dreh./m]	T_{Ab} [Dreh./m]
523,42	−0,50	522,92	523,42	+1,50	524,92
523,42	−0,24	523,18	523,42	+0,72	524,16
523,42	−0,18	523,24	523,42	+0,54	523,96
523,42	−0,11	523,31	523,42	+0,33	523,75
302,51	−2,94	299,57	302,51	+0,84	303,35
302,51	−1,44	301,07	302,51	+0,41	302,92
302,51	−0,63	301,88	302,51	+0,18	302,69
302,51	−0,35	302,16	302,51	+0,10	302,61
302,51	−0,25	302,26	302,51	+0,07	302,58

In Tab. 1 sind die Drehungsunterschiede nach den angeführten Beziehungen für ein Baumwoll- und Viskosefaserstreichgarn berechnet und in Diagramm 1 als Funktion des Garnkegeldurchmessers für das Baumwollgarn dargestellt. Je nach dem Verhältnis für das Aufwinden der Schichten (3 : 1 bei der Baumwollringspinnmaschine bzw. 1 : 3,5 bei der Streichgarnringspinnmaschine) schwanken auch die Drehungsunterschiede. Bei Viskosefaserstreichgarn verhalten sich die Drehungs-

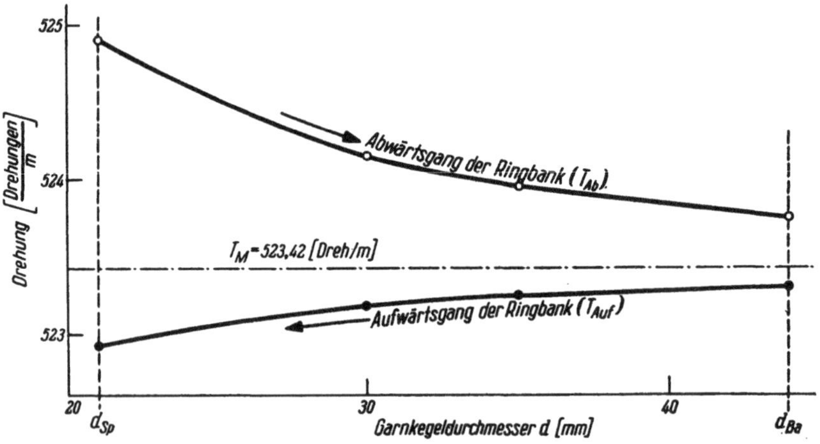

Diagr. 1. Drehungsschwankungen in Abhängigkeit vom Garnkegeldurchmesser
Material: Baumwollgarn (berechnet nach REINFELD [105, 106])

differenzen wegen der abweichenden Ringbankbewegung gerade umgekehrt wie beim Baumwollgarn. Die größten Drehungsabweichungen sind an dem Umkehrpunkt beim Spitzendurchmesser zu verzeichnen. Die Endpunkte der Kurvenzüge für die auf- bzw. abwärtsgehende Ringbank haben nur theoretischen Wert, denn hier werden sich die Drehungsdifferenzen infolge des Hubwechsels ausgleichen. Im großen und ganzen ist kein merklicher Einfluß der veränderlichen Ringbankgeschwindigkeit auf die Drehungsverteilung vorhanden. So hat KUHN [107] durch Auszählen gefunden, daß bei den während eines Ringbankhubes aufgewundenen Garnlängen ein praktischer Drehungsunterschied von nur etwa 0,09% im Mittel besteht. DE BARR und CATLING [108] haben u. a. auch festgestellt, daß sich die Drehungen infolge der unterschiedlichen Spannungen beim Aufwinden des Garnes an der Kegelbasis und -spitze unregelmäßig auf die Länge des Fadenballons verteilen. Bei der untersten Ringbankstellung wird den Drehungen ein geringerer Widerstand entgegengesetzt als bei der obersten Ringbankstellung. Es besteht ein Drehungsunterschied, der auch beim Abziehen des Ringspinnkopses über Kopf nicht völlig ausgeglichen wird. In Untersuchungen von DU BOIS [39] wird dieser Drehungsunterschied gemessen, und zwar wird die Drehungsprüfung nach dem Spannungsfühlerverfahren an solchen Baumwollgarnproben vorgenommen, die einmal in axialer (über Kopf) und zum anderen in tangentialer Richtung vom Kops abgezogen werden. Aus den ermittelten Werten geht hervor, daß die Drehungsdifferenz zwischen Kegelbasis und -spitze beim Abziehen des Kopses über Kopf etwa $< 0,1\%$ beträgt. So kleine Drehungsunterschiede werden einerseits bei einwandfreier Probenahme sowie bei ausreichendem Stichprobenumfang ausgeglichen und andererseits auch von den Garnungleichmäßigkeiten völlig überdeckt. Infolge unterschiedlichen Verdrehungswiderstandes nehmen dünne Stellen mehr, dicke Garnstücke weniger Drehungen auf. Neuere Untersuchungen [68, 87, 88, 109, 110, 111, 112, 113, 114, 115, 116] beweisen eindeutig die Richtigkeit dieser Annahme. Die Angabe der Drehungen je Meter mit einer Genauigkeit von ± 1 Drehung dürfte unter Berücksichtigung der wechselnden Ringbankgeschwindigkeit ausreichen.

3.1.3. Spindelbandschlupf

Nur vereinzelt ist in der Praxis an Feinspinnmaschinen der zwangläufige Spindelantrieb mittels Kegel- oder Schraubenrädern (Hispano-Suiza-Spindel, Perfektspindel) zu finden, der eine schlupffreie Kraftübertragung gewährleistet. In der Mehrzahl werden die Spindeln von der Antriebstrommel der Ringspinnmaschine mittels Bänder angetrieben. Ein Gleitverlust zwischen Band und Spindelwirtel ist unvermeidlich. Die Größe des Schlupfes ist abhängig von dem Zustand des Spindelbandes und der Spindel, von der Art der Lagerung [97, 98, 117, 118], der Schmierung und Zentrierung der Spindel [119], von dem Energiebedarf [120], den zu übertragenden Kräften [118], der Bandspannung [121] beim Spinnen sowie vom Rundlauf der Antriebstrommel [119]. Der Gleitverlust ist deshalb großen Schwankungen unterworfen. Spindeldrehzahlmessungen haben bei Bandantrieb und Rollenlagerung der Spindel einen durchschnittlichen Schlupf von 1 bis 2% ergeben [97, 118]. Frotscher [122] ermittelte bei seinen Untersuchungen einen maximalen Gleitverlust von 1,75%. Bei einem Bandzug von etwa 750 p wurden Gleitverluste von 1 bis 1,5% [120] festgestellt. Popp [123] ermittelte aus einer größeren Meßreihe einen Schlupf von 2,4 bis 5,5% und empfiehlt wie Friedrich [124] und Luc [125], bei der Berechnung der praktischen Spindeldrehzahl einen Schlupf von etwa 4% zu berücksichtigen. Eigene Untersuchungen ergaben einen Bandschlupf von 3,5 bis 4%.

Die Spindelumdrehungen werden um diese Schlupfprozente verringert. Da die Anzahl der Spindelumdrehungen den Garndrehungen direkt proprotional ist, bedeuten Gleitverluste zugleich Garndrehungsverluste.

Der Gleitverlust wird in der Praxis bei der Berechnung der Garndrehung entweder überhaupt nicht [23] oder durch den Zuschlag der halben Banddicke zum Wirteldurchmesser [97, 98] berücksichtigt. Im letztgenannten Fall beträgt bei einer üblichen Baumwollringspinnmaschine der Gleitverlust etwa 2,1%. Weil die Spindeln oftmals einen viel größeren Schlupf aufweisen, was auch die angeführten unterschiedlichen Meßergebnisse bestätigen, ist der tatsächliche Gleitverlust bei der Drehungsberechnung mit zu berücksichtigen.

Zur Messung der wirklichen Spindeldrehzahl dient allgemein das Lichtblitzstroboskop. Da aber bei ihm, abgesehen von anderen Nachteilen, der Ablesefehler bereits $\pm 2\%$ des Skalenwertes [126] beträgt und sich bei der Umrechnung noch vervielfacht, ist es für eine genaue Schlupfmessung ungeeignet. Vom Einsatz eines Oszillographen wird Abstand genommen, da bei diesem Meßvorgang die Auswertung der Oszillogramme sehr umständlich ist. Für eine genaue, kontinuierliche Spindeldrehzahlmessung wird eine mechanische Vorrichtung gewählt, die in Abschnitt 3.2. beschrieben ist.

3.1.4. Einspinnung

Als Einspinnung wird die Verkürzung bezeichnet, die das Faserbändchen beim Verlassen der Lieferwalze infolge des Drehens erfährt. Die Garnverkürzung tritt nach Obuch und Budnikow [100] mit Beginn der Drahterteilung ein und hält so lange an, bis bei dem Drehungsprozeß zwischen der Summe der axialen Faserspannungskomponenten und der auf das Garn wirkenden Zugkraft Gleichgewicht herrscht.

Die Einspinnung ist nicht nur für die Bestimmung des effektiven Verzuges und der Maschinenleistung eine sehr wichtige Größe, sondern auch für die Vorausberechnung der Garndrehung. Es ist deshalb nicht verwunderlich, daß die theoretische und praktische Erfassung der Einspinnung [100, 127, 128, 129, 130, 131, 132, 133, 134, 135, 136, 137, 138, 139] Gegenstand intensiver Forschung war und noch ist. Bisher konnte keine Beziehung gefunden werden, die alle Veränderlichen, wie Drehungsbeiwert, Garnfeinheit, Fadenzugkraft [140, 141], Fasereigenschaften, Spindeldrehzahl, enthält. Soweit Formeln abgeleitet wurden, stellen sie nur Näherungsgleichungen dar. Wenn man nicht mehr oder weniger großen Täuschungen zum Opfer fallen will, sollte man das Maß der Verkürzung nicht allein nach geometrischen Grundsätzen berechnen, sondern auf dem Versuchswege bestimmen [133].

Die Einspinnung wird in der Praxis im allgemeinen mittels Drehungszählers (Längenänderungsmessung) oder aus dem Unterschied von Soll- und Istgarnfeinheit ermittelt. Beide Methoden ergeben nur Näherungswerte [12, 136]. Es wird deshalb in Abschnitt 3.3. ein neues Verfahren vorgeschlagen, mit dem die effektive Einspinnung mit großer Genauigkeit bestimmt werden kann.

Weitere Einflußgrößen, welche die Drehung auf der Ringspinnmaschine verändern, sind entweder vernachlässigbar klein oder dürfen bei sachgemäßer Maschineneinstellung nicht auftreten. Drehungsschwankungen, die auf Feinheitsschwankungen beruhen, sind unvermeidlich, weil die Grenzungleichmäßigkeit eines Garnes nicht unterschritten werden kann.

Zusammenfassend kann behauptet werden, daß die dem Garn während des Spinnprozesses erteilte Drehung hauptsächlich von zwei Faktoren beeinflußt wird, und zwar vom Spindelbandschlupf und von der Einspinnung. Bei der Herstellung eines *Drehungstestgarnes* müssen beide Faktoren bekannt sein und berücksichtigt werden.

3.2. Versuchsanlage an der Ringspinnmaschine

Die Versuchsanlage (Abb. 18) dient zur praktischen Messung der Spindel- und Lieferwalzenumdrehungen an der Ringspinnmaschine. Sie ist so konstruiert, daß sie an Baumwoll-, Streichgarn- und Kammgarnringspinnmaschinen angebaut werden kann.

Die Spindelumdrehungen werden mittels Zahnradgetriebes (Zahnräder Z_1 und Z_2) und Schneckengetriebes im Verhältnis 100:1 ($Z_1 = 40$, $Z_2 = 80$, Schnecke 1:50) übersetzt[1]. Von einem Umdrehungszähler werden die übersetzten Umdrehungen

[1] Übersetzungen, die größer als 1 sind, werden noch vielfach als *Untersetzungen* bezeichnet.

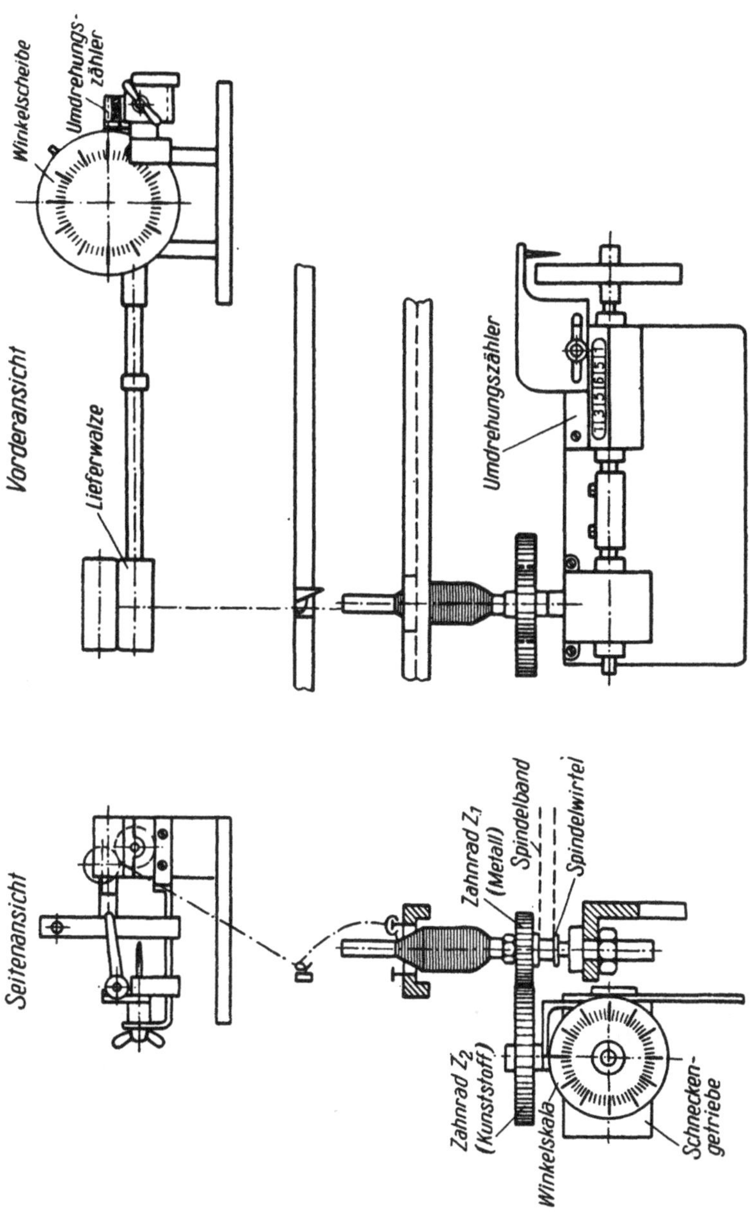

Abb. 18. Versuchsanordnung an der Ringspinnmaschine zur Bestimmung der Spindelumdrehungen und Lieferung

auf ± 1 Umdrehung genau registriert. Zur Erhöhung der Ablesegenauigkeit dient eine Winkelskala, die eine übersetzte Umdrehung in 360° unterteilt. Das Übersetzungsgetriebe verursacht zusätzliche Reibungs- und Übertragungskräfte, die ein geringes Absinken der Spindeldrehzahl zur Folge haben. Dieser zusätzliche *Drehzahlverlust* wird von der Meßeinrichtung mit erfaßt. Eine weitere an der Lieferwalze angebrachte Einrichtung (Abb. 18) dient zur Ermittlung der Lieferung. Ein Schneckengetriebe übersetzt die Lieferwalzenumdrehungen im Verhältnis 10:1, die ein Umdrehungszähler registriert. Eine 360°-Winkelscheibe trägt zur Verbesserung der Meßgenauigkeit bei. Die beiden Winkelscheiben lassen eine Ablesegenauigkeit von $\pm 0{,}5°$ zu. Durch Multiplizieren der Lieferwalzenumdrehungen mit dem Umfang der Lieferwalze erhält man die während eines bestimmten Spinnabschnitts von der Lieferwalze abgelieferte Fadenlänge L_M. Das Verhältnis der Anzahl der Spindelumdrehungen n_{Spi} und der im gleichen Zeitabschnitt abgelieferten Fadenlänge L_M ergibt die mittlere Anzahl der Drehungen T_M [Dreh./m], die dem Faden unter Berücksichtigung des Schlupfes erteilt werden. Die Garneinspinnung infolge der Drehung wird mit der Versuchsanlage nicht erfaßt.

Bei einem Fadenbruch ist der Versuch hinfällig und muß wiederholt werden.

Zum Bestimmen der Meßgenauigkeit der Versuchsanlage wurden nach Jakowlew [142] die absoluten und relativen Fehlergrenzen der Drehung für alle Drehungstestgarne berechnet, die auf der Baumwoll-, Streichgarn- und Kammgarnringspinnmaschine gefertigt wurden. Der ermittelte Schwankungsbereich der relativen Fehlergrenze der Drehung beträgt etwa 0,00006 bis 0,0005%. Die absolute Fehlergrenze schwankt zwischen rund 0,0004 und 0,002 Dreh./m. Mit der Versuchseinrichtung ist es also möglich, die Anzahl der Drehungen je Meter im ungünstigsten Falle auf $\pm 0{,}002$ Dreh./m genau anzugeben. Die Meßfehler der Versuchseinrichtung üben demnach auf die für die Drehungstestgarne festgelegte Drehungsgenauigkeit von ± 1 Drehung je Meter keinen Einfluß aus.

3.3. Bestimmung der tatsächlichen mittleren Drehung der Drehungstestgarne

Um die wirkliche Einspinnung zu erfassen, wird zu Beginn und am Ende eines jeden Versuches das Drehungstestgarn am Klemmpunkt des Lieferwalzenpaares mit Tusche gekennzeichnet. Die markierte Fadenlänge wird dann vom Kops mittels einer Sortierweife in jeweils 100-m-Strängen abgeweift. Die für diesen Zweck abgeänderte Weife ist mit einem Blockierhebel versehen, der für eine gleiche Weifenanfangs- und -endstellung sorgt. An einer Winkelscheibe ist der Haspelumfang von 1 Meter in 360° unterteilt, um die Meßgenauigkeit beim Abweifen von Reststrängen unter 100 m Länge zu erhöhen. Die Fadenzugkraft kann mit einer Glasscheibenbremse durch Verändern des Anpreßdruckes in weiten Grenzen variiert werden. Nach Untersuchungen von Dittmann [143], Schneider [144] und Stein [145] ist für den vorgesehenen Zweck die Glasscheibenbremse der Umschlingungsbremse vorzuziehen. Mit Hilfe von Fadenzugkraft-Meßuhren wird die gewünschte Zugkraft beim Abweifen der Garnlängen auf $\pm 0{,}5$ p konstantgehalten. Die Größe der Fadenzugkraft beim Abweifen wurde gleich der bei der Durchführung von Drehungsversuchen angewendeten Vorspannkraft (0,50 bzw. 0,25 p/tex; siehe hierzu Abschnitt 5.) gewählt. Die Abweifzugkraft entspricht der beim Spinnen auftretenden Fadenzugkraft.

Die Anzahl der mittleren tatsächlichen Drehungen je Meter ergibt sich aus dem Verhältnis der von der Versuchseinrichtung angezeigten tatsächlichen Spindelumdrehungen unter Elimination des Schlupfes zur abgeweiften Fadenlänge unter Berücksichtigung der wirklichen Garneinspinnung, formelmäßig ausgedrückt:

$$T/m_{tat} = \frac{\text{Anzahl der Spindelumdrehungen (Versuchseinrichtung)}}{\text{abgeschweifte Fadenlänge } L_W \text{ in Metern (Weife)}}$$

Mit Hilfe des angegebenen Verfahrens ist es nunmehr möglich, Drehungstestgarne für Drehungsuntersuchungen herzustellen. Hinsichtlich der Reproduzierbarkeit der mittleren tatsächlichen Drehung wurden Vergleichsversuche angestellt, die Abweichungen von weniger als $\pm 0{,}5$ Drehungen ergaben. In einer anschließenden Fehlerrechnung soll nachgewiesen werden, mit welcher Genauigkeit die mittlere tatsächliche Drehung der Drehungstestgarne anzugeben ist.

3.3.1. Fehlerbetrachtung zur Bestimmung der mittleren tatsächlichen Drehung

Der Meßfehler, der sich beim Abwinden der Garnlänge L_W mittels Weife ergibt, entsteht infolge

1. der Ableseungenauigkeit bei der Längenmessung der Garnstränge,
2. der Vergrößerung des Weifenumfanges um den Garnhalbmesser.

Zu 1. Fehlerabschätzung bei der Längenmessung der Garnstränge. Auf der Garnweife werden in der Regel Stränge von maximal 100 m Länge hergestellt, sofern der Fadendurchmesser nicht größer als 0,5 mm ist. Da aber bei den Drehungstestgarnen nicht nur 100-m-Stränge, sondern auch solche mit Garnlängen unter 100 m anfallen, müssen diese bei der Fehlerabschätzung gesondert betrachtet werden. Im einzelnen setzt sich der maximale Fehler wie folgt zusammen:

a) Für einen 100-m-Strang:

Fehler infolge Ungenauigkeit des Arretierhebels (Durchbiegen, Verdrehen usw.)	$= \pm 1$ mm
Ableseungenauigkeit am Millimetermaßstab	$= \pm 1$ mm
Sonstige Meßfehler (ungleiche Fadenenden beim Abschneiden der Garnlängen, Markierungsfehler auf dem Faden usw.)	$= \pm 3$ mm
	± 5 mm

Dieser Fehler von 5 mm tritt sowohl am Stranganfang als auch am Strangende auf, so daß bei einem 100-m-Strang mit einem absoluten Fehler von ± 10 mm zu rechnen ist.

b) Für den Rest eines Stranges (die Länge ist kleiner als 100 m) wird der Fehler noch um den Ablesefehler von $\pm 1°$ an der Winkelskala, der etwa ± 3 mm ausmacht, erhöht und auf ± 15 mm geschätzt.

Der gesamte maximale absolute Fehler von einer abgeweiften Garnlänge L_W ergibt sich dann aus der Summe der beiden Einzelfehler, die jeweils mit der entsprechenden Anzahl Garnstränge multipliziert werden.

Zu 2. Abschätzung des Fehlers infolge Vergrößerung des Weifenumfanges um den Garnhalbmesser. Die Haspelkrone der Weife setzt sich aus 6 gleichschenkligen Dreiecken zusammen, deren Umfang

$$U = 6 \cdot R = 1000\ \text{mm} \tag{23}$$

beträgt. R bedeutet hierbei die Schenkellänge.

Wird eine Garnwindung (eine Windung entspricht bei einer metrischen Garnweife 1000 mm) mit dem Fadenradius r auf die Haspelkrone aufgewickelt, so wächst der Haspelumfang und wird

$$U' = 6 \cdot R + 6 \cdot r = 6(R + r). \tag{24}$$

Beim Aufweifen einer Windung auf den Kronenumfang ergibt sich also ein Längenfehler, der 6mal so groß ist wie der Garnhalbmesser. Der absolute Fehler beträgt dann $\pm 6 \cdot r \cdot w$ [mm], wobei w die Anzahl der Windungen bedeutet, die auf dem Haspelumfang aufgewunden werden. Der Fehler ist in diesem speziellen Fall immer positiv zu werten.

Unbekannt ist der Garnhalbmesser r. Zur Berechnung des Garnhalbmessers werden folgende Zeichen verwendet:

Nm = metrische Nummer [m/g]
L = Garnlänge [m]
G = Garnmasse [g]
d = Garndurchmesser [mm]
r = Garnradius [mm]
γ = scheinbare Dichte [g/cm³]
(vormals scheinbares spezifisches Gewicht)

Zur Bestimmung des Garnhalbmessers dient die allgemeine Nummerngleichung $N = L/G$. Einen kreisförmigen Fadenquerschnitt vorausgesetzt, was für gedrehte Garne auch angenähert zutrifft, kann für die Garnmasse G geschrieben werden:

$$G = d^2 \frac{\pi}{4} \cdot \gamma \cdot L \tag{25}$$

Wird der Ausdruck (25) in die Nummerngleichung eingesetzt und nach d aufgelöst, so erhält man

$$d = \sqrt{\frac{4}{\pi \cdot \gamma \cdot Nm}}\,. \tag{26}$$

Da $d = 2 \cdot r$ ist, ergibt sich für

$$r = \frac{1}{2} \sqrt{\frac{4}{\pi \cdot \gamma \cdot Nm}}\ [\text{mm}]. \tag{27}$$

Nach E. WAGNER [146] betragen die scheinbaren Dichten für

Baumwollgarne (hartgedreht)	0,917 g/cm³,
Baumwollgarne (weichgedreht)	0,525 bis 0,690 g/cm³,
Viskosefasergarne	0,517 bis 0,821 g/cm³,
Kammgarne	0,423 bis 0,713 g/cm³,
Streichgarne	0,356 bis 0,713 g/cm³.

Die für die Garnhalbmesserberechnung angenommenen scheinbaren Dichten und die Beziehungen zur Berechnung der Garnhalbmesser nach (27) sind in Tab. 2 zusammengestellt.

In Diagramm 2 ist für ein Baumwollgarn mittlerer Drehung der Garnradius als Funktion der metrischen Garnfeinheit dargestellt. Für jede beliebige Garnfeinheit kann der dazugehörige Garnhalbmesser abgelesen werden.

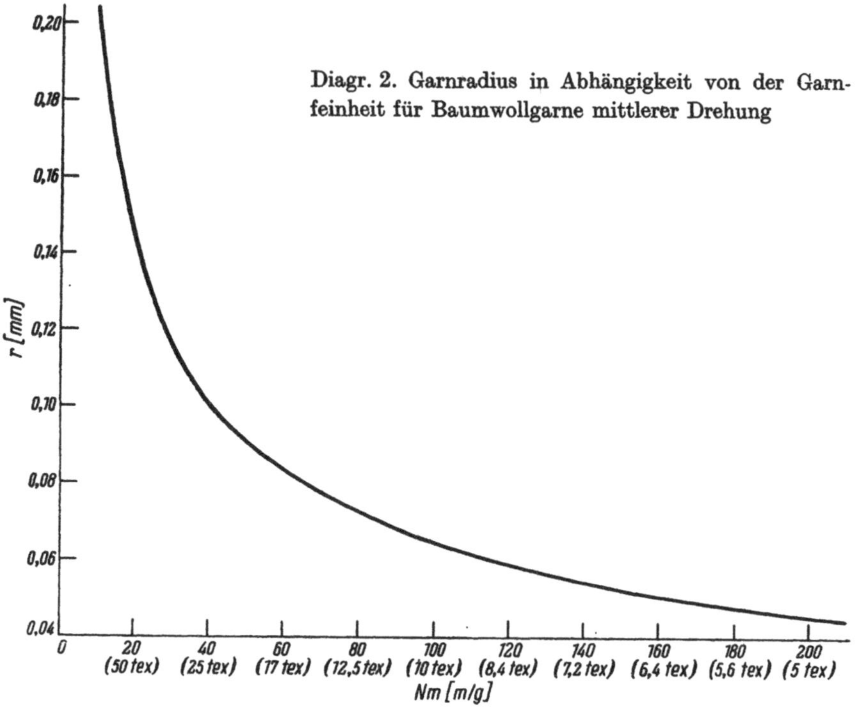

Diagr. 2. Garnradius in Abhängigkeit von der Garnfeinheit für Baumwollgarne mittlerer Drehung

Der relative Gesamtfehler für eine abgeweifte Garnlänge L_W läßt sich nunmehr aus der Summe der relativen Einzelfehler berechnen.

Die relative und absolute Fehlergrenze der mittleren tatsächlichen Drehung ergibt sich aus:

$$(\delta_{T_{tat}})_{gr} = \pm\ (\delta_{n_{Spi}} + \delta_{L_W}) \quad [\%] \tag{28}$$

$$(\varepsilon_{T_{tat}})_{gr} = \pm\ T_{tat} \cdot \frac{(\delta_{T_{tat}})_{gr}}{100} \ [\text{Dreh./m}] \tag{29}$$

Tabelle 2.
Mittlere scheinbare Dichten und mittlere Halbmesser der Garne

Garnart	Mittlere scheinbare Dichte [g/cm³]	Garnhalbmesser [mm]
Baumwolle	0,768	$\frac{1}{2}\sqrt{\frac{1,672}{Nm}}$
Viskosefaser	0,669	$\frac{1}{2}\sqrt{\frac{1,904}{Nm}}$
Streichgarn	0,534	$\frac{1}{2}\sqrt{\frac{2,386}{Nm}}$
Kammgarn	0,568	$\frac{1}{2}\sqrt{\frac{2,243}{Nm}}$

Die Fehlergrößen für die mittleren tatsächlichen Drehungen wurden für alle gefertigten Drehungstestgarne berechnet. Der relative Fehler der Spindelumdrehung wirkt sich auf Grund der hohen Meßgenauigkeit der Versuchseinrichtung kaum auf das Endergebnis aus. Die Genauigkeit der mittleren tatsächlichen Drehung T_{tat} wird am stärksten von der Längenmessung von L_W beeinflußt, wobei der absolute und relative Fehler der Längenzunahme infolge der Veränderung des Kronenumfanges beim Aufwickeln von Windungen im Vergleich zu den übrigen Längen- bzw. Ablesefehlern den größten Anteil hat. Aus den relativen und absoluten Fehlergrenzen geht hervor, daß die Werte der mittleren tatsächlichen Drehung je Meter auf eine Dezimale genau angegeben werden können. Die Größe der maximalen absoluten Fehlergrenze schwankt im ungünstigsten Falle zwischen 0,4 und 0,7 Drehungen je Meter.

3.4. Auswirkung des Schlupfes und der Einspinnung auf die mittlere tatsächliche Drehung

Zur Bestätigung der Behauptung, daß der Spindelbandschlupf und die Einspinnung in hohem Maße die Drehungszahl beeinflussen, sind in Tab. 3 die prozentualen Drehungsabweichungen für alle Drehungstestgarne zusammengestellt.

Die prozentuale Drehungsabweichung wurde nach der Beziehung

$$\Delta T = \frac{T_o - T_{tat}}{T_o} \cdot 100 \quad [\%] \qquad (30)$$

berechnet, wobei

T_o die Anzahl der Drehungen je Meter ohne Berücksichtigung des Schlupfes und der Einspinnung (nach Getriebeskizze errechnet) und

T_{tat} die Anzahl der mittleren tatsächlichen Drehungen je Meter mit Berücksichtigung des Schlupfes und der Einspinnung (Drehungstestgarn)

bedeuten.

Der Schwankungsbereich der prozentualen Drehungsabweichung ist bei den Garnen sehr unterschiedlich. Er beträgt bei Garnen, die gesponnen wurden nach dem

Baumwollspinnverfahren $\Delta T = 0{,}67$ bis $4{,}63\%$,
Streichgarnspinnverfahren $\Delta T = 2{,}02$ bis $5{,}61\%$,
Kammgarnspinnverfahren $\Delta T = 4{,}06$ bis $4{,}69\%$.

Die Baumwollgarne weisen wegen der unterschiedlichen Feinheiten (*Nm* 19,7 [50 tex] bis *Nm* 184,8 [5,6 tex]), Drehungsbeiwerte ($\alpha_m = 90$ bis 136) und Faserstoffmischungen den größten Schwankungsbereich der Drehung auf. Bei den Kammgarnen ist infolge der geringen Abweichungen der Feinheiten und Drehungsgrade das Gegenteil zu verzeichnen. Die Drehungsschwankungen der Streichgarne sind vor allem den sehr unterschiedlichen Faserstoffmischungen zuzuschreiben.

Schlupf und Einspinnung verhalten sich in bezug auf die Drehung gegensätzlich. Der Schlupf verringert die Garndrehungen je Längeneinheit, während die Einspinnung ($L_M > L_W$), sie erhöht. Die prozentuale Einspinnung ergibt sich aus der Beziehung

$$E = \frac{L_M - L_W}{L_M} \cdot 100 \; [\%]. \tag{31}$$

Die Drehungsunterschiede ΔT verhalten sich im allgemeinen umgekehrt wie die Einspinnungsprozente E. Das ist auf Grund der Definition von ΔT und E zu erklären.

Abschließend ist festzustellen, daß bei Drehungstestgarnen die Einflüsse des Spindelbandschlupfes und der Einspinnung auf die mittlere Anzahl der tatsächlichen Drehungen je Meter nicht vernachlässigt werden dürfen, sondern unbedingt zu berücksichtigen sind, wenn bei einer exakten Überprüfung von Drehungsprüfverfahren Fehlschlüsse vermieden werden sollen.

Mit der angestellten Fehlerrechnung konnte die Größenordnung des maximalen Meßfehlers für alle Drehungstestgarne bestimmt werden. Obwohl bei der Festlegung einzelner Fehlergrößen Annahmen gemacht werden mußten, kann behauptet werden, daß die vorgeschlagene Meßmethodik mit Sicherheit eine Drehungsgenauigkeit von ± 1 Drehung/m der Drehungstestgarne erzielt. Da stets die ungünstigsten Verhältnisse angenommen wurden, wird auch den Einflüssen der veränderlichen Ringbankgeschwindigkeit auf die Drehungserteilung Rechnung getragen.

Die eingangs gestellten fünf Forderungen an die Meßmethodik zur Bestimmung der mittleren tatsächlichen Drehung von Drehungstestgarnen werden erfüllt. Die Herstellung der Drehungstestgarne erfolgt mit der geforderten Genauigkeit unter praxisgleichen Bedingungen. Die Werte sind reproduzierbar und frei von subjektiven Fehlern. Mit der Meßmethodik lassen sich alle in der Praxis vorkommenden Garne in bezug auf Drehung genau messen und als Drehungstestgarne zur Ermittlung der Meßgenauigkeit von Drehungsprüfverfahren heranziehen.

Tabelle 3. Zusammenstellung der Einspinnungsprozente und Drehungsabweichungen zwischen T_o und T_{tat}

Versuch	Nm_{Ist} [m/g]	Tt [tex]	T_o [Dreh./m]	$\alpha_{m_{Ist}}$	$n_{Spi} \cdot 10^2$ [Umdrehungen]	L_M [m]	L_W [m]	E [%]	T_{tat} [Dreh./m]	ΔT [%]
Drehungstestgarne, nach dem Baumwollspinnverfahren hergestellt										
V 1/1	184,8	5,6	1484	105	29427,5333	2074,2	2063,8	0,50	1426	3,91
V 1/2	153,8	6,4	1369	107	27165,9416	2074,4	2053,2	1,02	1323	3,36
V 1/3	117,9	8,4	1187	106	23737,3736	2091,0	2059,2	1,52	1153	2,86
V 1/4	95,6	10,5	1079	107	21386,5584	2086,6	2050,3	1,74	1043	3,34
V 1/5	74,3	13	962	108	18942,1375	2072,9	2031,5	2,00	932	3,12
V 1/6	58,4	17	848	108	16738,4750	2080,1	2029,4	2,44	825	2,71
V 1/7	46,0	22	758	109	14964,5375	2080,1	2024,6	2,67	739	2,51
V 1/8	21,8	46	535	113	5317,6347	1048,8	1011,6	3,55	526	1,68
V 2/1	151,7	6,4	1187	93	9615,4959	849,8	842,5	0,86	1141	3,88
V 2/2	144,9	6,8	1484	120	11788,2806	833,8	811,8	2,64	1452	2,16
V 2/3	93,8	10,5	937	93	7526,5083	843,1	834,8	0,98	902	3,74
V 2/4	91,9	11	1272	131	10175,2959	840,1	810,2	3,56	1256	1,26
V 2/5	47,6	21	672	94	5345,5152	835,5	820,6	1,78	651	3,13
V 2/6	45,4	22	890	131	7079,8000	835,2	800,5	4,16	884	0,67
V 3/1	19,7	50	614	136	4853,1361	830,3	801,1	3,52	606	1,30
V 3/2	33,5	30	791	133	6254,3833	830,0	810,9	2,30	771	2,53
V 3/3	47,1	21	937	134	7555,4444	846,5	821,1	3,00	920	1,81
V 3/4	56,1	18	989	128	7874,7083	836,3	822,3	1,67	958	3,13
V 3/5	67,3	15	1047	123	8822,8278	884,5	871,8	1,44	1012	3,34

V 4/1	55,8	18	868	114	8604,9278	1041,4	1011,3	2,89	851	1,96
V 4/2	73,4	14	962	109	9518,5639	1038,0	1024,9	1,26	929	3,43
V 4/3	36,2	28	685	111	6759,6445	1036,3	1013,6	2,19	667	2,63
V 4/4	77,0	13	890	97	8797,9667	1036,7	1028,9	0,75	855	3,93
V 4/5	44,3	23	712	102	7203,9763	1061,2	1061,0	0,02	679	4,63
V 4/6	36,1	28	809	132	8006,6264	1038,0	1009,1	2,78	793	1,98
V 4/7	45,2	22	636	90	6284,1417	1037,5	1035,4	0,20	607	4,56
V 4/8	30,1	34	521	91	5471,7636	1103,0	1096,7	0,57	499	4,22
V 4/9	85,4	12	1047	110	10353,9945	1037,1	1015,6	2,07	1020	2,58

Drehungstestgarne, nach dem Streichgarnspinnverfahren hergestellt

V 5/1	8,9	110	247	81	1075,2417	449,5	444,5	1,11	242	2,02
V 5/2	10,1	100	285	85	1076,4972	389,9	400,9	2,82	269	5,61
V 5/3	10,6	96	285	84	1683,3959	608,6	612,5	0,64	275	3,51
V 5/4	9,6	105	297	94	1174,6763	408,9	404,0	1,20	291	2,02
V 5/5	10,5	96	309	93	1469,3207	490,0	488,6	0,29	301	2,59
V 5/6	12,3	80	309	86	1497,8000	500,1	495,8	0,86	302	2,27
V 5/7	11,1	92	316	93	1572,0931	524,5	508,9	2,97	309	2,22

Drehungstestgarne, nach dem Kammgarnspinnverfahren hergestellt

V 6/1	42,2	24	531	78	4218,9264	833,8	829,2	0,55	509	4,14
V 6/2	35,1	28	469	75	4328,9639	970,6	968,9	0,18	447	4,69
V 6/3	28,2	36	433	78	3408,0917	827,2	822,6	0,56	414	4,39
V 6/4	36,5	28	469	74	4009,7389	897,6	897,9	0,03	447	4,69
V 6/5	42,6	23	586	86	4722,5833	845,7	843,2	0,30	560	4,44
V 6/6	32,0	32	493	84	4231,4791	899,7	895,3	0,49	473	4,06
V 6/7	20,0	50	355	76	2788,7042	824,6	821,5	0,38	340	4,23

4. Drehungsprüfgerät

Zur Messung der Drehung diente das Drehungsprüfgerät nach Frenzel/Hahn (Abb. 19, 20).

Die Prüfapparatur (Abb. 19) besteht aus zwei Einspannklemmen 1 und 2. Die eine ist drehbar, die andere ist in Richtung der Fadenachse beweglich und mit dem Spannungsfühler- und Vorspannsystem 3 verbunden. Die Entfernung

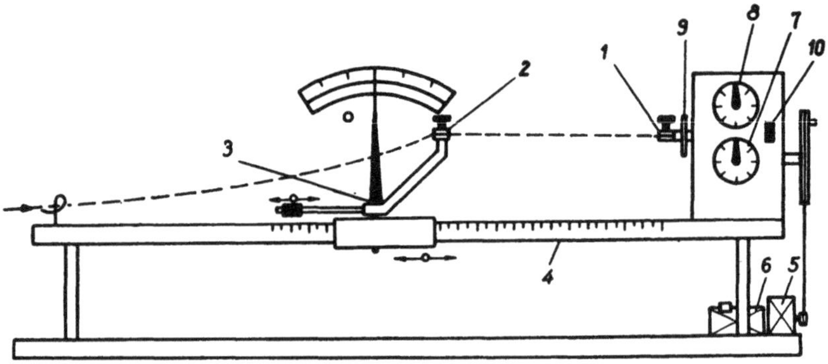

Abb. 19. Drehungsprüfgerät mit Spannungsfühler nach Frenzel/Hahn

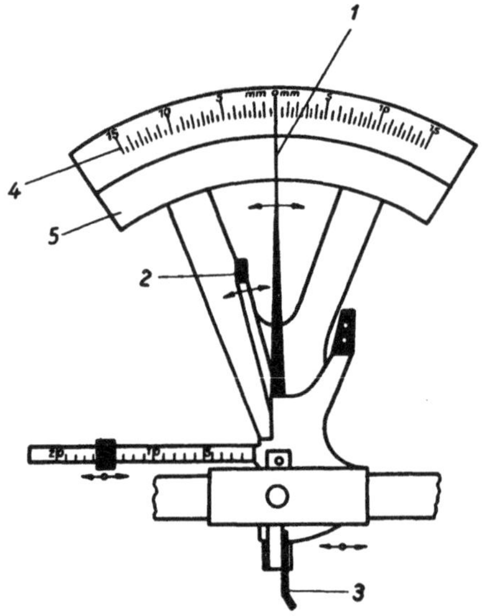

Abb. 20.
Spannungsfühler nach Frenzel/Hahn

beider Klemmen voneinander ist nach dem geeichten Maßstab 4 zwischen 0 und 725 mm (Einspannlänge) verstellbar. Der Antrieb der drehbaren Klemme 1 erfolgt über Zahnräder und Riemenscheibe mittels Handkurbel (beim Aufdrehverfahren) bzw. Motor 5 (beim Spannungsfühlerverfahren). Die Klemmendrehzahl läßt sich im Bereich von 0 bis 1700 min^{-1} mittels des Vorschaltwiderstandes 6 regeln. Von der rotierenden Klemme aus erhalten auch die beiden Zählscheiben 7 und 8 ihren Antrieb. Eine Klemmenumdrehung entspricht einem Skalenwert auf der unteren Scheibe 7; eine volle Zeigerumdrehung entspricht 100 Drehungen. Die obere Zählscheibe 8 zählt fortlaufend jeweils 100 Drehungen. Um bei kleinen Einspannlängen eine größere Genauigkeit zu erzielen, ist die rotierende Klemme mit einer weiteren Zählscheibe 9 verbunden, auf der die Drehung auf $\pm$ 0,05 genau abgelesen werden kann. Ein Umlegehebel 10 gestattet die Umstellung des Drehsinns der rotierenden Klemme in S- bzw. Z-Richtung. Die Vorspannkraft läßt sich mit dem Belastungshebel im Bereich von 0 bis 20 p einregulieren. Die Vorspannkraft kann durch Anhängen weiterer Gewichtsstücke sowie durch eine Waagschale beliebig vergrößert werden.

Der Längenzeiger 1 (Abb. 20) dient einerseits zum Messen der Einzwirnung bzw. der angenäherten Einspinnung und andererseits zum Bestimmen der für das modifizierte Spannungsfühlerverfahren erforderlichen Gleitlänge (siehe Abschnitt 5.) sowie zum Einstellen der vorgesehenen Ausschlaglänge mittels des Blockierhebels 2. Der Arretierhebel 3 hält den Längenzeiger in der Nullstellung. Um die Prüfapparatur auch bei der Längenänderungsmessung zur Bestimmung der richtigen Vorspannkraft (Abschnitt 5.) einzusetzen, wurde die Teilung der Meßskala 4 verfeinert, so daß die Ablesegenauigkeit bei $\pm$ 0,25 mm (bisher $\pm$ 0,50 mm) liegt. Der Längenzeiger hat eine hochkant-rechteckige Form erhalten, um die feingeteilte Skala auszunutzen (die Zeigerdicke ist gleich der Strichdicke). Parallaktische Verschätzungen werden mit Hilfe eines dem Längenzeiger unterlegten Spiegels 5 herabgemindert; zugleich wird dadurch die Ableseempfindlichkeit vergrößert [147].

Zur weiteren Verminderung der Reibung am Spannungsfühlersystem wird eine Spitzenlagerung vorgeschlagen. Ferner wird empfohlen, die üblichen zuschraubbaren Einspannklemmen durch einfache Federdruckklemmen (Schnabelklemmen) zu ersetzen. Da bei der Drehungsprüfung die Klemmen nur sehr geringe Kräfte aufzunehmen haben, dürfte diese Klemmenart ausreichen. Das umständliche und anstrengende Schrauben wird dadurch vermieden, eine Arbeitserleichterung geschaffen und die Leistung bei der Drehungsprüfung gesteigert.

Das Drehungsprüfgerät ist in gewissen Zeitabständen zu überprüfen (zu eichen) und bei Abweichungen zu korrigieren. Die Eichung erstreckt sich auf folgende Teile: Klemmenentfernung, Klemmendrehzahl, Zählerscheiben, Zeigerausschlag und Belastungseinrichtung. Fehlanzeigen der beiden letzten Vorrichtungen beeinflussen in starkem Maße das Prüfresultat [41].

5. Modifiziertes Spannungsfühlerverfahren

Die bisherige Versuchsdurchführung beim üblichen Spannungsfühlerverfahren beschränkt sich darauf, die Drehungsbestimmung unabhängig von den Spinnbedingungen und physikalischen Eigenschaften des Garnes bei einem konstanten Zeigerausschlag des Spannungsfühlers vorzunehmen. Die Ausschlaglänge des Längenzeigers (Abb. 20) wurde vorwiegend auf 3 mm [37, 43, 44, 45, 46] bei 500 mm Einspannlänge und bei Verwendung von 0,10 p/tex als Vorspannkraft eingestellt. Wie zahlreiche Vorversuche mit Drehungstestgarnen ergaben, stimmen die unter diesen Versuchsbedingungen ermittelten Drehungswerte nicht mit den tatsächlich im Garn vorhandenen Drehungen überein. Es ist deshalb nicht verwunderlich, daß bei der Bearbeitung des Normentwurfes DIN 53832 [12] einige Fachexperten gegen die Aufnahme des Spannungsfühlerverfahrens stimmten, da es immer zu niedrige Drehungswerte liefere, wie auch aus Veröffentlichungen [37, 44, 45, 46] hervorgeht.

Die häufig verfälschten Ergebnisse nach dem Spannungsfühlerverfahren sind hauptsächlich auf die für alle Garne verwendete konstante Ausschlaglänge des Längenzeigers und die zu niedrig gewählte Vorspannkraft zurückzuführen. Die richtige Ausschlaglänge und Vorspannkraft sind vor der eigentlichen Drehungsprüfung für jedes Garn zu bestimmen. Die Größe des Ausschlages ist eine Funktion des Faserstoffes und seiner Struktur, des Reibungskoeffizienten der Fasern, des Drehungsgrades, der Garnfeinheit, der Garnungleichmäßigkeit, der Einspinnung des Garnes usw.

Die angeführten Einflüsse lassen sich augenblicklich nicht hinreichend genau mathematisch bestimmen und in einer Gleichung zusammenfassen, nach der dann die für jedes Garn richtige Zeigerausschlaglänge theoretisch vorausberechnet werden könnte. Deshalb wird die Ausschlaglänge versuchsmäßig ermittelt.

Wird ein unter einer bestimmten Vorspannkraft stehender Faden aufgedreht und dabei der Längenzeiger (Abb. 20) der Spannungsfühlervorrichtung nicht blockiert, damit er ungehindert ausschlagen kann, so reicht schließlich die Drehung nicht mehr aus, um den Faserverband zusammenzuhalten. Der Faserverband gleitet auseinander. Dieser Punkt des *Fadenbruches* ist abhängig von den angeführten Einflußgrößen. Der Vorgang des Auseinandergleitens läßt sich am Längenzeiger sehr gut verfolgen. Der Längenzeiger wandert beim Aufdrehen des Fadens mit einer konstanten Geschwindigkeit nach links und erhält plötzlich infolge Nachlassens des reibungsbedingten Faserzusammenhaltes eine Beschleunigung; der Faden bricht schließlich. In den meisten Fällen stimmen Beginn der Beschleunigung und Fadenbruch überein. Ein abweichendes Verhalten tritt nur selten auf; der Unterschied beträgt maximal 0,5 bis 1,0 mm. Der Zeigerausschlag von der Ausgangsstellung (Nullstellung) bis zum Fadenbruch wird als *Gleitlänge* bezeichnet.

Nach erfolgtem Bruch besitzt das Fadenstück noch eine gewisse Anzahl von Drehungen, die aber nicht mehr ausreicht, den Faden bei der angelegten Vorspannkraft zusammenzuhalten. Frenzel [29] benutzte die Anzahl der Rückdrehungen bis zum Auseinandergleiten des Faserverbandes dazu, um aus der *Haftungs- und Zusammenhangskraft* der Fasern Rückschlüsse auf die Verspinnbarkeit und die Spinnstruktur des Faserstoffes zu ziehen. Versuche mit einer ähnlichen Zielsetzung wurden neuerdings von Barella [87, 88] unternommen. Barella bezeichnet die beim Fadenbruch noch im Garn vorhandenen Drehungen u. a. als *Torsionsminimum der Kohäsion,* das nach Einschalten eines Tensiometers in die Prüfstrecke des Drehungsprüfgerätes bei verschiedenen Spannungen an Baumwoll-, Viskosefaser- und Wollgarnen ermittelt wird.

Beim modifizierten Spannungsfühlerverfahren wird nicht wie bei Frenzel und Barella die Rückdrehung bzw. die nach dem Aufdrehen bis zum Fadenbruch noch im Garn verbliebene Drehung festgestellt, sondern die *Gleitlänge* in Millimetern. Die unterschiedliche Gleitlänge ergibt einen Bezugspunkt für jedes Garn, wonach die Ausschlaglänge des Längenzeigers bei der Drehungsprüfung eingestellt werden kann.

Es wird angenommen, daß bei einer bestimmten Ausschlagslänge des Längenzeigers die tatsächliche Drehung des Drehungstestgarnes reproduziert wird. Um vergleichbare Ergebnisse zu erhalten und die Durchführung einfach zu gestalten, so daß die Bestimmung auch von weniger qualifizierten Kräften vorgenommen werden kann, wird die gemessene Gleitlänge durch die Zahlen 2, 3 und 4 dividiert, was die *dividierten Gleitlängen* ergibt:

$$\frac{\text{Gemessene Gleitlänge [mm]}}{2} = \frac{1}{2}\text{-Gleitlänge [mm]}$$

$$\frac{\text{Gemessene Gleitlänge [mm]}}{3} = \frac{1}{3}\text{-Gleitlänge [mm]}$$

$$\frac{\text{Gemessene Gleitlänge [mm]}}{4} = \frac{1}{4}\text{-Gleitlänge [mm]}$$

Als *minimale Gleitlänge* wird eine konstante Ausschlaglänge des Längenzeigers von jeweils 1 mm eingeführt. Bei der *minimalen Gleitlänge* werden also die Einflußfaktoren nicht berücksichtigt, so daß ähnliche Verhältnisse vorliegen wie beim bisherigen Spannungsfühlerverfahren bei einer konstanten Ausschlaglänge von 3 mm.

Bei der Drehungsprüfung nach dem modifizierten Spannungsfühlerverfahren wird nunmehr so vorgegangen, daß der Längenzeiger, nachdem der Bezugspunkt festliegt, nur bis zu 1/2, 1/3, 1/4 der Gleitlänge bzw. bis zur minimalen Gleitlänge ausschlagen kann. Wenn der Längenzeiger den Anschlagpunkt an der Blockierhebeleinstellung erreicht, wird das eingespannte Fadenstück von der Vorspannmasse entlastet und erst dann wieder belastet, wenn die Faserparallellage durchfahren ist und der Faserverband sich infolge der Drehung verkürzt. Der Versuch ist beendet, sobald der Zeiger seine Nullstellung erreicht hat.

Nach dieser Arbeitsweise wurden Reihenversuche unter Verwendung von Drehungstestgarnen bei verschiedenen Zeigerausschlägen durchgeführt, um Genauigkeit und Reproduzierbarkeit des modifizierten Spannungsfühlerverfahrens zu überprüfen. Die Reihenversuche mit Drehungstestgarnen aus Baumwolle, Viskosefasern, Streich- und Kammwollen sowie in Mischungen u. a. mit Chemiefasern bestätigen die Annahme, daß das modifizierte Spannungsfühlerverfahren bei einer bestimmten Ausschlaglänge und Vorspannkraft den tatsächlichen Verhältnissen entsprechende Resultate anzeigt.

Vorspannkraft. Bisher wurde die Ansicht vertreten, daß das Spannungsfühlerverfahren nur bei sehr geringer Vorspannkraft bzw. spannungslos richtige Ergebnisse liefert [42, 43, 44, 45]. Das trifft jedoch nicht zu. Während des Prüfvorganges ordnen sich die Fasern nach dem Wechsel von der einen Drehrichtung in die andere im spannungslosen Zustand nicht ohne weiteres und auch nicht vollständig (viele abstehende Faserenden) in den wiedererstehenden Faden ein. Die Verdrehungskraft allein reicht nicht aus, die Fasern in ihrer neuen Lage zu fixieren. Der Faden neigt während des Zudrehens zur Kringelbildung, und das Einspielen des Längenzeigers auf den Nullpunkt ist nicht genau zu erkennen. Würde die Drahterteilung beim Spinnvorgang ebenfalls ohne Zugkraft erfolgen, dann bestünde zwischen den Fasern nur ein sehr loser Zusammenhalt, die Garnhaarigkeit wäre erheblich, und das Garn würde stark krumpfen. Gleichartige Verhältnisse liegen beim Spannungsfühlerverfahren vor. Wird bei einer Vorspannkraft geprüft, die etwa der Zugbeanspruchung beim Spinnen entspricht, dann werden die Fasern in ihrer neuen Lage im Faserverband gut eingebunden,

Tabelle 4. Verlängerung bei Anwendung verschiedener Vorspannkräfte für nach dem Baumwollspinnverfahren hergestellte Garne (Einspannlänge: 250 mm)

Versuch	Garnart	Nm_{Ist} [m/g]	αm_{Ist}	Verlängerung [mm] bei einer Vorspannkraft von 0,10 p/tex	0,25 p/tex	0,50 p/tex	0,75 p/tex	1,00 p/tex
V 1/1	Baumwollgarn, gekämmt	184,8 [5,6 tex]	105	0,00	0,55	0,85	1,40	1,60
V 1/8	Baumwollgarn, gekämmt	21,8 [46 tex]	113	0,00	1,25	2,45	4,00	4,35
V 2/1	Baumwollgarn, gekämmt	151,7 [6,4 tex]	93	0,00	0,55	1,05	1,80	2,35
V 2/2	Baumwollgarn, gekämmt	144,9 [6,8 tex]	120	0,00	0,65	1,00	1,65	2,10
V 2/3	Baumwollgarn, gekämmt	93,8 [10,5 tex]	93	0,00	0,70	1,30	2,00	2,50
V 2/4	Baumwollgarn, gekämmt	91,9 [11 tex]	131	0,00	0,55	1,20	2,10	2,55
V 2/5	Baumwollgarn, gekämmt	47,6 [21 tex]	94	0,00	0,85	1,65	2,15	3,15
V 2/6	Baumwollgarn, gekämmt	45,4 [22 tex]	131	0,00	0,75	1,65	2,40	3,20
V 3/1	Baumwollgarn, kardiert	19,7 [50 tex]	136	0,00	0,95	2,45	3,35	4,35
V 3/3	Baumwollgarn, kardiert	47,1 [21 tex]	134	0,00	1,00	2,25	2,65	3,50
V 3/5	Baumwollgarn, kardiert	67,3 [15 tex]	123	0,00	0,70	1,80	2,70	3,20
V 4/2	Viskosefasergarn (Plavia)	73,4 [14 tex]	109	0,00	0,30	0,50	0,90	1,15
V 4/3	Viskosefasergarn (Vistra)	36,2 [28 tex]	111	0,00	0,35	0,65	1,10	1,55
V 4/5	Baumwollmischgarn 16% Dederonfaser 84% Baumwolle	44,3 [23 tex]	102	0,00	0,90	1,70	2,60	3,20
V 4/6	Baumwollmischgarn 16% Viskosefaser 84% Baumwolle	36,1 [28 tex]	132	0,00	0,80	2,05	2,55	2,65
V 4/7	Viskosefasermischgarn 25% Dederonfaser 75% Viskosefaser	45,2 [22 tex]	90	0,00	0,65	1,05	1,95	2,15
V 4/8	Viskosefasermischgarn 33% Dederonfaser 67% Viskosefaser	30,1 [34 tex]	91	0,00	0,65	1,15	1,60	2,25
V 4/9	Baumwollmischgarn 33% Dederonfaser 67% Baumwolle	85,4 [12 tex]	110	0,00	0,85	1,50	2,55	3,20

und die Kringelneigung des Fadens während des Zudrehens wird stark herabgesetzt bzw. tritt nicht auf. Die bisher verwendete zu niedrige Vorspannkraft (0,10 p/tex) ist u. a. die Ursache dafür, daß die Werte zu niedrig liegen, wie auch den Einsprüchen zum Normentwurf DIN 53832 [12] zu entnehmen ist. Nach der Vorlage zur Norm DIN 53832 [13] und TGL 0-53832 sowie den ISO-Empfehlungen [11] wird als mittlere Vorspannkraft 0,50 p/tex vorgeschlagen. Die höhere Vorspannkraft beseitigt die Kräuselung und Kringelneigung des Fadenstückes in der Prüfstrecke, was in vielen Fällen erst ein genaues Einspannen der Probe ermöglicht. Es wird mit der höheren Vorspannkraft, die etwa der Fadenzugkraft während des Spinnens [148, 149, 150] entspricht, auch Übereinstimmung zwischen Spinnbeanspruchungen und Prüfbedingungen erreicht. Unter der einwirkenden Vorspannkraft dehnt sich aber die Probe. In den ISO-Vorschlägen [11] wird diesbezüglich empfohlen, Garne, die sich bei einer Vorspannkraft von 0,50 ± 0,10 p/tex um 0,5% oder mehr verlängern, so vorzuspannen, daß die Belastung eine Verlängerung unter 0,5% hervorruft. In Tab. 4 und 5 sind für nach dem Baumwoll-, Kammgarn- und Streichgarnspinnverfahren hergestellte Garne die absoluten Verlängerungen bei verschiedenen Vorspannkräften (0,10 p/tex bis 1,00 p/tex) unter Berücksichtigung dieser Einschränkung zusammengestellt. Es wurde eine Auswahl von Drehungstestgarnen getroffen, bei deren Herstellung die wichtigsten Veränderlichen in der Spinnerei berücksichtigt wurden. Die angegebenen Werte sind das Mittel aus jeweils $N = 5$ Einzelwerten (wegen der geringen Streuung reichen 5 Einzelwerte für die Mittelwertbildung aus). Für die Messungen wurde eine Einspannlänge von 250 mm verwendet. Zwischen Verlängerung und Einspannlänge besteht ein annähernd linearer Zusammenhang. Die Probe wird, um Kringelbildung auszuschalten, unter einer Vorspannkraft von 0,10 p/tex bzw. 0,05 p/tex oder weniger eingespannt und so weit durch die drehbare Klemme (Abb. 19) gezogen, bis der Längenzeiger seine Nullage erreicht hat. Danach wird die Probe entlastet und die jeweils entsprechende Vorspannkraft (0,25; 0,50; 0,75 p/tex usw.) vorsichtig angelegt. Wegen Retardationserscheinungen wird die Verlängerung erst nach etwa 60 s an der Skala abgelesen. Zur Erhöhung der Meßgenauigkeit wurde der Längenzeiger nach oben zu verjüngt und die Skaleneinteilung verfeinert, so daß eine Ablesegenauigkeit von ± 0,25 mm möglich ist (Abb. 20). Die Meßmethode hat sich gegenüber anderen Verfahren am besten bewährt.

Aus den Werten in Tab. 4 und 5 ist zu entnehmen, daß bei 0,50 p/tex die vorgeschlagene Verlängerung von 0,5% (bzw. 1,25 mm bei 250 mm Einspannlänge) nicht immer eingehalten wird. Es ist angebracht, für Garne, die nach dem Baumwollspinnverfahren hergestellt sind, eine Verlängerung von bis zu 1% zuzulassen (bzw. 2,50 mm bei 250 mm Einspannlänge). Diese Grenze von 1% wird von den in Tab. 4 angegebenen *extremen* Garnen nicht überschritten. Die Vorspannkraft von 0,50 p/tex bietet die Gewähr dafür, daß mit dem modifizierten Spannungsfühlerverfahren die tatsächlichen Drehungen im Garn reproduziert werden. Für nach dem Streich- und Kammgarnspinnverfahren gesponnene Garne ist der ISO-Vorschlag zu unterstützen. Bei der Vorspannkraft von 0,50 p/tex beträgt die Verlängerung, besonders bei wollhaltigen Garnen (Tab. 5), mehr als 1%. Für diese Garne hat sich bei der Drehungsprüfung als Vorspannkraft 0,25 p/tex bewährt. Diese Vorspannkraft ergibt auch eine Verlängerung, die kleiner als 0,5% ist. Die Notwendigkeit zur Abstufung der Vorspannkraft ist auf die Besonderheiten der verschiedenen Spinnverfahren sowie die Struktur, die Be-

Tabelle 5. Verlängerung bei Anwendung verschiedener Vorspannkräfte für nach dem Streich- und Kammgarnspinnverfahren hergestellte Garne (Einspannlänge: 250 mm)

Versuch	Garnart	Nm_{Ist} [m/g]	$\alpha_{m_{Ist}}$	Verlängerung [mm] bei einer Vorspannkraft von					
				0,10 p/tex	0,20 p/tex	0,25 p/tex	0,30 p/tex	0,40 p/tex	0,50 p/tex
Streichgarn									
V 5/1	Wollstreichgarn 50% Viskosefaser 50% Wolle	8,9 [110 tex]	81	0,00	0,85	1,20	1,80	2,75	3,05
V 5/2	Angorastreichgarn 20% Viskosefaser 30% Wolle 50% Angorawolle	10,1 [100 tex]	85	0,00	0,85	1,20	1,80	2,45	3,30
V 5/3	Angorastreichgarn 10% Viskosefaser 90% Angorawolle	10,6 [96 tex]	84	0,00	0,65	1,05	1,65	2,10	2,70
V 5/4	Wollstreichgarn 51% Viskosefaser 18% Reißwolle 31% Wolle	9,6 [105 tex]	94	0,00	0,50	0,85	1,20	2,00	2,35
V 5/5	Viskosefasermischgarn 74% Viskosefaser 6% Dederonfaser 20% Mischgarnabfälle	10,5 [96 tex]	93	0,00	0,80	1,00	1,40	2,00	2,65

V 5/6	Viskosefasermischgarn 65% Viskosefaser 35% Reißspinnstoffe	12,3 [80 tex]	86	0,00	0,50	0,70	1,15	1,60	2,00
V 5/7	Viskosefasermischgarn 45% Viskosefaser 55% Reißspinnstoffe	11,1 [92 tex]	93	0,00	0,50	0,80	1,05	1,60	1,85
Kammgarn									
V 6/1	Kammgarn Wolle, Dtsch. A	42,2 [24 tex]	78	0,00	0,70	1,05	1,45	1,85	2,40
V 6/2	Kammgarn Wolle, Austr. A/B	35,1 [28 tex]	75	0,00	0,55	0,95	1,15	1,65	1,95
V 6/3	Kammgarn Wolle, Austr. A/B	28,2 [36 tex]	78	0,00	0,80	1,05	1,30	1,85	2,25
V 6/4	Kammgarn 30% Viskosefaser 70% Wolle	36,5 [28 tex]	74	0,00	0,40	0,70	0,95	1,25	1,60
V 6/5	Kammgarn 50% Viskosefaser 50% Wolle	42,6 [24 tex]	86	0,00	0,30	0,55	0,65	0,90	1,15
V 6/6	Viskosefaserkammgarn	32,0 [32 tex]	84	0,00	0,25	0,45	0,55	0,65	1,00
V 6/7	Viskosefaserkammgarn	20,0 [50 tex]	76	0,00	0,25	0,50	0,60	0,75	1,20

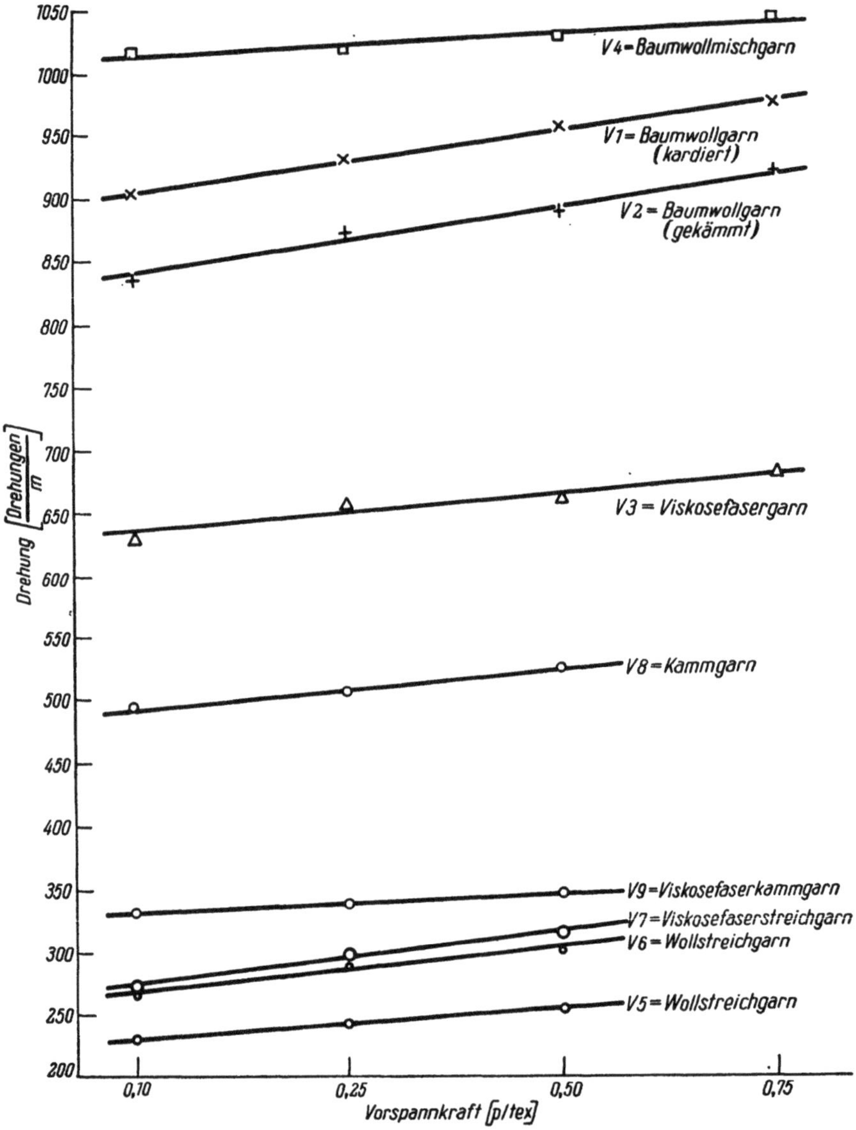

Diagr. 3. Drehung in Abhängigkeit von der Vorspannkraft (modifiziertes Spannungsfühlerverfahren, $E = 250$ mm)

schaffenheit sowie die Dehnungs- und Elastizitätseigenschaften der Garne zurückzuführen.

Zusammengefaßt sind folgende Richtlinien für die Vorspannkraft zu beachten:

> Nach dem Baumwollspinnverfahren hergestellte Garne dürfen sich unter einer Vorspannkraft für die Drehungsprüfung um nicht mehr als 1% verlängern. Die Vorspannkraft von 0,50 p/tex erfüllt im allgemeinen diese Bedingung.
>
> Nach dem Streich- und Kammgarnspinnverfahren hergestellte Garne dürfen sich um nicht mehr als 0,5% verlängern. Als Vorspannkraft sind maximal 0,25 p/tex zu verwenden.

Die Vorspannkraft ist genau auf ± 0,5 p zu ermitteln und einzustellen.

Sind Garne besonders dehnungsempfindlich oder sind sie einer besonderen Behandlung (z. B. Dämpfen) unterzogen worden, dann sind die Verlängerung und die jeweils geeignete Vorspannkraft besonders zu bestimmen.

Um einheitliche Prüfbedingungen zu schaffen, wurden diese Vorspannkräfte beim Abweifen, bei der Gleitlängen- und Drehungsbestimmung nach dem modifizierten Spannungsfühlerverfahren sowie beim Aufdrehverfahren angewendet.

Zur Erhärtung der vorstehenden Angaben sind in Tab. 6 die Ergebnisse der Untersuchungen über den praktischen Einfluß der Vorspannkraft auf die Drehung beim modifizierten Spannungsfühlerverfahren zusammengefaßt und in Diagramm 3 dargestellt. Die Versuche wurden bei einer Ausschlaglänge von 1/4-Gleitlänge (Δl) vorgenommen. Die Einspannlänge beträgt 250 mm.

Die tatsächliche Drehung T_{tat} der Drehungstestgarne stimmt mit den praktischen Drehungswerten $\overline{T}_S$, bei Anwendung von 0,50 p/tex als Vorspannkraft für Garne nach dem Baumwollspinnverfahren am besten überein. Für Streich- und Kammgarne ergeben sich bei einer Vorspannkraft von 0,25 p/tex richtige Ergebnisse. Die Richtigkeit der auf Grund der angestellten Überlegungen und der Verlängerungsprozente festgelegten Vorspannkräfte für die einzelnen Garnarten bestätigen die Ergebnisse. Die Kurven zeigen alle einen linearen Verlauf; sie unterscheiden sich nur im Steigungswinkel.

Die Literatur [37, 44, 45, 46] enthält bereits Vorschläge, für das übliche Spannungsfühlerverfahren eine höhere Vorspannkraft zu verwenden, allerdings mit anderen Voraus- und Zielsetzungen. So ergeben zwar bekannt gewordene Kurven über die Abhängigkeit der Drehung von der Vorspannkraft [40, 45, 46] keine ausgesprochene Tendenz, was wahrscheinlich auf die konstante Ausschlaglänge zurückzuführen ist, aber sie deuten darauf hin, daß das Spannungsfühlerverfahren bei höherer Vorspannkraft eindeutigere Resultate ergibt. Es war bisher noch nicht bekannt, bei welcher Vorspannkraft das Spannungsfühlerverfahren die tatsächlich im Garn vorhandene Drehung reproduziert. Erst die vorliegenden Untersuchungen ermöglichten es, konkrete Bedingungen festzulegen.

Drehgeschwindigkeit. Die drehbare Klemme wird bei neuen Drehungsprüfgeräten von einem Motor angetrieben und die Drehgeschwindigkeit mittels Widerstand geregelt. Die Klemmendrehzahl wurde früher willkürlich gewählt. Um aber vergleichbare und reproduzierbare Werte zu erhalten, muß die Klemmendrehzahl festgelegt werden. Diesbezügliche Untersuchungen führten zu den in Tab. 7 angeführten Ergebnissen.

Tabelle 6. Drehung in Abhängigkeit von der Vorspannkraft (modifiziertes Spannungsfühlerverfahren, $E = 250$ mm)

Versuch	Garnart	Nm_{Ist} [m/g]	αm_{Ist}	T_{tat} [Dreh./m]	N	E [mm]	n_{Kl} [min⁻¹]	Δl [mm]	Drehung $\bar{T}_{S'}$ [Dreh./m] bei einer Vorspannkraft von 0,10 p/tex	0,25 p/tex	0,50 p/tex	0,75 p/tex
V1	Baumwollgarn, kardiert Sorte. 1CN, 1HN, 1HA 31/33 mm	56,1 [18 tex]	128	958	100	250	1200	2,0	903	931	956	975
V2	Baumwollgarn, gekämmt Koked 38/40 mm	45,4 [22 tex]	131	884	100	250	1200	3,0	835	872	889	922
V3	Viskosefasergarn 100% Vistra Visk,. WSB glzd. 1,2 den, 40 mm	36,2 [28 tex]	111	667	100	250	1200	2,0	631	657	663	683
V4	Baumwollmischgarn 33% Dederon, 67% Baumwolle	85,4 [12 tex]	110	1020	100	250	1200	2,0	1017	1019	1028	1044
V5	Wollstreichgarn 25% Visk. glzd., 25% Visk. matt, 50% Wolle C – C/D (rohweiß)	8,9 [105 tex]	81	242	100	250	800	1,5	229	244	255	
V6	Wollstreichgarn 32% Visk., 19% Visk.-Abgang, 18% Reißw., 31% Wolle C – C/D	9,6 [105 tex]	94	291	100	250	800	1,5	268	290	304	
V7	Viskosefaserstreichgarn 6% Dederon, 32% Visk.-Abgang, 20% Mischg., 42% Visk. matt	10,5 [96 tex]	93	301	100	250	800	1,0	273	300	317	
V8	Kammgarn 100% Wolle Deutsche A dunkelgrau	42,2 [24 tex]	78	509	100	250	800	1,0	494	506	525	
V9	Viskosefaserkammgarn 100% Visk. grau	20,0 [50 tex]	76	340	100	250	800	1,0	333	339	348	

Tabelle 7. Drehung in Abhängigkeit von der Klemmendrehzahl (modifiziertes Spannungsfühlerverfahren, $E = 250$ mm)

Versuch	Garnart	Nm_{Ist} [m/g]	$\alpha_{m_{Ist}}$	T_{tat} [Dreh./m]	N	E [mm]	P [p]	Δl [mm]	Drehung $\bar{T}_{S'}$ [Dreh./m] bei Klemmendrehzahl n_{Kl} von 500 [min^{-1}]	800 [min^{-1}]	1000 [min^{-1}]	1200 [min^{-1}]	1500 [min^{-1}]
V5	Kammgarn 100% Wolle Deutsche A (dunkelgrau)	42,2 [24 tex]	78	509	50	250	6,0	1,0	508	506	530	538	
V4	Wollstreichgarn 32% Visk., 19 %Visk.-Abgang, 18% Reißw., 31% Wolle C–C/D	9,6 [105 tex]	94	291	50	250	26,0	1,5	292	290	295	299	
V3	Viskosefasergarn 100% Vistra Visk., WSB glzd. 1,2 den, 40 mm	36,2 [28 tex]	111	667	50	260	14,0	2,0	662	666		663	676
V2	Baumwollgarn, gekämmt Koked 38/40 mm	45,4 [22 tex]	131	884	50	250	11,0	3,0	877	883		889	897
V1	Baumwollgarn, kardiert Sorte: 1CN, 1HN, 1HA 31/33 mm	56,1 [18 tex]	128	958	50	250	9,0	2,0	957	955		956	965

Die Klemmendrehzahl ist bei der Anwendung des modifizierten Spannungsfühlerverfahrens so einzustellen, daß zu große Abweichungen ausgeschaltet werden, die Nullpunkteinpendelung des Längenzeigers gut erkennbar ist und das Verfahren außerdem wirtschaftlich zufriedenstellend arbeitet. Unter Berücksichtigung dieser Voraussetzungen haben sich folgende Klemmendrehzahlen bei der Versuchsdurchführung bewährt:

Baumwollgarne $n_{Kl} = 1200\ \mathrm{min}^{-1}$
Streich- und Kammgarne $n_{Kl} = 800\ \mathrm{min}^{-1}$

Höhere Klemmendrehzahlen als die angegebenen sind nicht zu empfehlen, da verstärkt auftretende Schwingungen des Drehungsprüfgerätes das Prüfergebnis beeinflussen. Um Retardationserscheinungen auszuschließen, wird beim Bewegen des Längenzeigers zur Nullmarkierung hin die Antriebsscheibe der Drehklemme mit der Hand etwas abgebremst, beim Nullpunkt das Drehungsprüfgerät außer Tätigkeit gesetzt und die Anzahl der Drehungen sofort auf den Registrieruhren abgelesen.

5.1. Einflüsse auf die Gleitlänge

Vorspannkraft. Die gewählte höhere Vorspannkraft ist auch für die Gleitlängenmessung vorteilhaft. Das Auseinandergleiten des Faserverbandes läßt sich mit größerer Sicherheit erkennen. Nach Untersuchungen von Barella [87, 88] verändert die Größe der angelegten Spannkraft nur wenig das *Torsionsminimum der Kohäsion.* Das Auseinandergleiten tritt bei ihm immer bei der gleichen Spannkraft von 3 p/tex oder nur 1 p/tex auf. In übertragenem Sinne läßt sich daraus

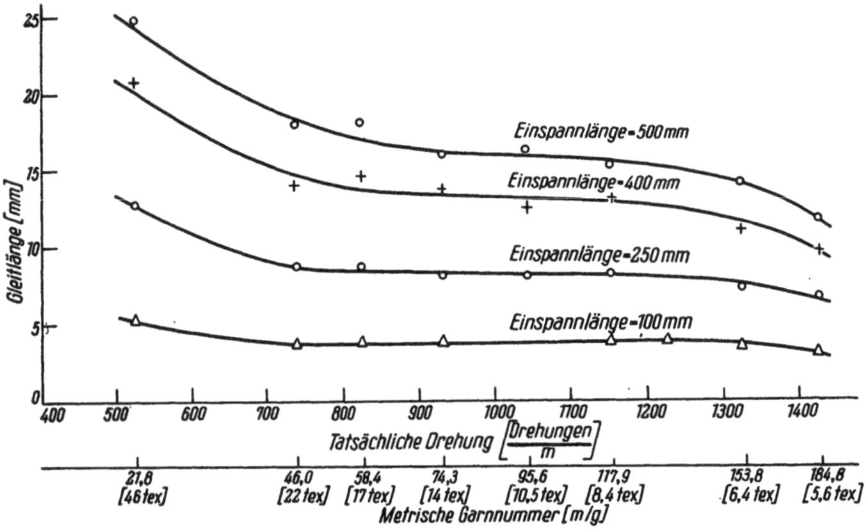

Diagr. 4. Gleitlänge in Abhängigkeit von der Drehung und Garnfeinheit
Parameter: Einspannlänge E = 500, 400, 250 und 100 mm, Versuchsmaterial: gekämmte Baumwollgarne

folgern, daß die Vorspannkraft erhöht werden kann, wenn sich der Bruch bei der aufgebrachten Vorspannkraft nicht sicher genug einstellt. Bei den durchgeführten Versuchen war das nicht festzustellen. Für die Gleitlängenbestimmung wurde die gleiche Vorspannkraft gewählt wie für die Drehungsbestimmung.

Garnfeinheit. Tab. 8 und Diagramm 4 enthalten die Gleitlängen (Bruchpunkte) von gekämmten Baumwollgarnen in Abhängigkeit von Drehung und Garnfeinheit bei Einspannlängen von 500, 400, 250 und 100 mm. Der metrische Drehungsgrad von etwa 106 ist bei allen Garnen annähernd konstant. Für den Zusammenhang zwischen Drehung und Garnfeinheit gilt das KÖCHLINsche Drehungsgesetz.

Je gröber das Garn, um so größer ist die Gleitlänge. Grobe Garne besitzen im Querschnitt eine größere Anzahl Fasern als feinere. Die Haftungskraft bzw. Reibungskraft der Fasern wächst mit der Anzahl der Fasern im Querschnitt und setzt der Aufdrehkraft einen größeren Widerstand entgegen. Demzufolge erhöht sich auch die Gleitlänge. In spinntechnischer Hinsicht liegen die gleichen Verhältnisse vor. Eine größere Faseranzahl im Faserverband hat eine größere Haftlänge zur Folge.

Tabelle 8. Gleitlänge in Abhängigkeit von der Drehung und Garnfeinheit
Parameter: Einspannlänge

T_{tat} [Dreh./m]	Nm_{Ist} [m/g]	Gleitlänge [mm] bei einer Einspannlänge von 500 mm	400 mm	250 mm	100 mm
1426	184,8 [5,6 tex]	11,7	9,7	6,7	3,1
1323	153,8 [6,4 tex]	14,1	11,0	7,3	3,5
1153	117,9 [8,4 tex]	15,3	13,1	8,2	3,8
1043	95,6 [10,5 tex]	16,3	12,5	8,1	3,7
932	74,3 [14 tex]	16,0	13,7	8,1	3,8
825	58,4 [17 tex]	18,1	14,6	8,7	3,8
739	46,0 [22 tex]	18,0	14,0	8,7	3,7
526	21,8 [46 tex]	24,8	20,8	12,8	5,3

Alle vier Kurven (Diagr. 4), die in ihrem Verlauf einem Baumwollstapeldiagramm ähneln, haben gleiche Tendenz. Die Gleitlänge ist bei Baumwollgarnen mit unterschiedlicher Drehung und Feinheit nicht konstant. Sie nimmt mit zunehmender

Feinheit (etwa ab *Nm* 100 [10 tex]) und steigender Drehung (etwa ab 1100 Dreh./m) stärker ab und steigt von *Nm* 50 [20 tex] und $T = 570$ Dreh./m an steil an. Bei der bisherigen Prüfmethode blieben diese Einflüsse unbeachtet, und es wurde selbst bei verschiedenen Einspannlängen mit dem gleichen Längenzeigerausschlag von 3 mm gearbeitet. Nach dieser Methodik müßten die Kurven für die Einspannlänge von beispielsweise 500 und 250 mm kongruent sein und parallel zur Abszisse verlaufen. Es ist leicht einzusehen, daß sich unter dieser Prüfbedingung beim Spannungsfühlerverfahren falsche Werte einstellen müssen; denn alle Kurven fallen auch im mittleren Bereich leicht. Die richtige Ausschlaglänge für die in Tab. 8 angeführten Baumwollgarne erhält man, wenn aus der für die jeweilige Einspannlänge gemessenen Gleitlänge die *1/4-Gleitlänge* errechnet wird. Bei dieser Ausschlaglänge kann man mit dem modifizierten Spannungsfühlerverfahren die tatsächlich im Garn verhandene Drehung feststellen.

Einspannlänge. Aus den Gleitlängenwerten in Tab. 8 und den folgenden Versuchsreihen geht weiter hervor, daß wie bei der Drehung ein angenähert linearer Zusammenhang zwischen Gleitlänge und Einspannlänge besteht. Die Gleitlängenbestimmung kann demzufolge bei jeder beliebigen Einspannlänge vorgenommen und durch Multiplikation bzw. Division auf die für die Drehungsprüfung vorgesehene Einspannlänge bezogen werden.

Erfolgt z. B. die Drehungsprüfung bei 500 mm Einspannlänge, so kann die Gleitlängenbestimmung bei einer Einspannlänge von 250 mm vorgenommen werden. Durch Multiplikation mit 2 und Division durch 4 erhält man den Bezugspunkt für die Einspannlänge von 500 mm — die 1/4-Gleitlänge. Diese Umrechnung führt zu einer größeren Wirtschaftlichkeit des modifizierten Spannungsfühlerverfahrens.

Drehungsgrad. Die an drei unterschiedlich feinen Garnen bei 500 mm und 250 mm Einspannlänge festgestellte Abhängigkeit der Gleitlänge vom Drehungsgrad geht aus Diagramm 5 hervor. Als Versuchsmaterial dienten Drehungstestgarne aus gekämmter Baumwolle.

Nach den Kurvenzügen gilt wiederum, daß bei einem feineren Garn (*Nm* 160 [6,4 tex]) die Gleitlänge geringer ist als bei einem gröberen Garn (*Nm* 50 [20 tex]). Die Kurventendenzen sind bei den Einspannlängen von 500 und 250 mm gleich. Nur die Abstände voneinander sind infolge des Feinheitseinflusses unterschiedlich.

Aus diesen Kurven ist ein inniger Zusammenhang zwischen Gleitlänge und Drehungsgrad zu erkennen. Bei *Nm* 160 [6,4 tex] und α_m 93 beträgt bei $E = 500$ mm die Gleitlänge $L = 9{,}8$ mm, und bei α_m 120 steigt sie bei gleicher Sollfeinheit auf 15,4 mm an. Dieser Anstieg tritt noch besser bei der Garnfeinheit *Nm* 50 [20 tex] (Drehungsgradintervall α_m 94 bis 131) hervor; die Gleitlänge erreicht hier fast den doppelten Wert. Die Linearität zwischen Gleit- und Einspannlänge wird auch bei diesen Versuchen bestätigt. Bei dem bisherigen Spannungsfühlerverfahren wurde jedoch auch der Drehungsgrad als wichtige Einflußgröße vernachlässigt.

Materialeinfluß. Ein wesentlicher Faktor bei der Gleitlänge ist der Einfluß der Struktur und der Eigenschaften der Fasern und des Garnes. Während die Baumwollfaser [151] eine kürzere Faserlänge (im Mittel 12 bis 36 mm), eine höhere Faserfeinheit (*Nm* 4000 [250 mtex] bis *Nm* 7000 [140 mtex], im Mittel

Nm 5000 [200 mtex]), und eine wenig glatte Oberfläche hat sowie häufig um ihre Längsachse gedreht ist (40 bis 80 Dreh./cm), besitzt die Wollfaser [152] zwar eine größere Faserlänge (Kammwollen bis 150 mm, Streichwollen bis 120 mm Länge), eine mehr oder weniger ausgeprägte Kräuselung und Schuppendecke, aber dafür

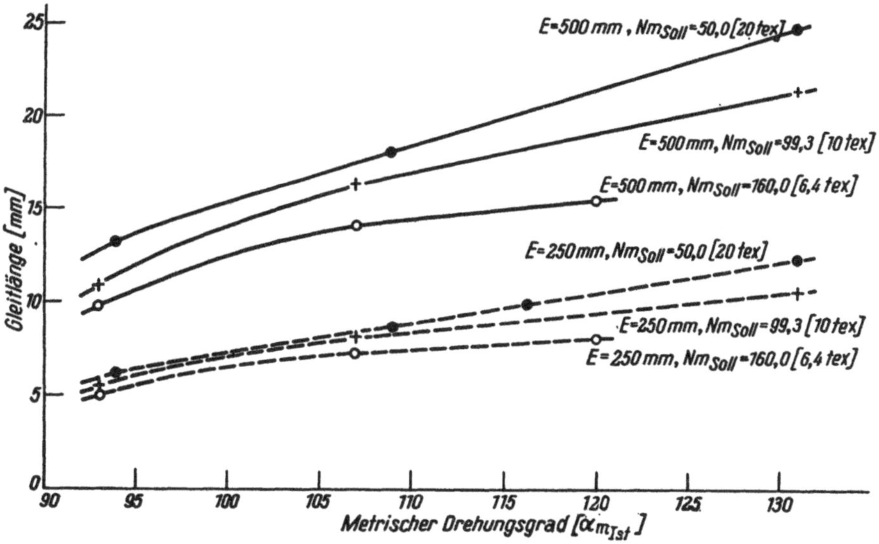

Diagr. 5. Gleitlänge in Abhängigkeit vom Drehungsgrad bei unterschiedlich feinen Garnen
Parameter: Einspannlänge E = 500 und 250 mm

eine geringere Faserfeinheit (15 bis 80 μm Durchmesser; das entspricht etwa *Nm* 4300 [230 mtex] bis *Nm* 150 [6800 mtex]). Ferner sind Wollfasern im Gegensatz zu Baumwollfasern spröder und weniger schmiegsam, was sich nachteilig auf einen guten Reibungsschluß auswirkt. Auch hinsichtlich des Verdrehungswiderstandes weisen Baumwoll- und Viskosefasergarne ein kleineres Drehmoment als Wollgarne und wollhaltige Garne auf [86]. Baumwollgarne sind härter und weniger voluminös als Kamm- oder Streichgarne. Die Fasern sind bei diesen beiden Garnarten weniger dicht im gedrehten Garnverband eingebunden; sie haben eine größere Haarigkeit. Allerdings werden Kamm- und Streichgarne mit einem niedrigeren Drehungsgrad ausgesponnen als Baumwollgarne. Wegen der nicht übereinstimmenden Spinnbedingungen ist es schwierig, einen Vergleich hinsichtlich des Materialeinflusses auf die Gleitlänge anzustellen. Als Orientierung ist nach den folgenden Versuchsreihen V 1 bis V 6 (Abschnitt 7.) eine abfallende Tendenz der Gleitlänge zu verzeichnen, gemäß folgender Reihung:

1. Baumwollgarne, Baumwollmischgarne und Viskosefasergarne,
2. Streichgarne,
3. Kammgarne.

Diese Reihung stimmt etwa mit dem von Barella [88] ermittelten *Torsionsminimum der Kohäsion* überein. Eine ähnliche Reihenfolge läßt sich auch aus den Drehmomentenmessungen von Perner [86] ableiten. Interessant ist dabei die

Feststellung, daß die Wollgarne an letzter Stelle stehen. Obwohl sich die Wollfasern infolge der dachziegelartig angeordneten Schuppen gegenseitig verhaken (der statische Reibungskoeffizient im trockenen Zustand beträgt nach BOBETH und BÖHME [152] in Richtung der Schuppen 0,11 und gegen die Schuppenrichtung 0,14), was durch die starke Kräuselung noch unterstützt wird, sind bei Wollgarnen die Zusammenhangskräfte bei der Gleitlängenbestimmung kleiner als bei Baumwollgarnen. Es ist anzunehmen, daß das auf die Faserfeinheit, die Anzahl der Fasern im Garnquerschnitt sowie auf einen geringeren Reibungsschluß infolge des niedrigen Drehungsgrades zurückzuführen ist. Sicherlich spielen hierbei auch die Faserlage im Gespinst und die Garngleichmäßigkeit, wie von FRENZEL [29] und neuerdings von SOKOLOV [153] nachgewiesen wurde, mit eine Rolle. Der Unterschied zwischen Streich- und Kammwollen ist auf deren unterschiedliche Eigenschaften (Kammwollen sind z. B. weniger gekräuselt als Streichwollen) zurückzuführen.

Drehgeschwindigkeit. Die Umdrehungszahl der Klemme des Drehungsprüfgerätes ist so zu wählen, daß einerseits ein sicheres Erkennen des Fadenbruches möglich ist und andererseits die für das modifizierte Spannungsfühlerverfahren notwendigen Gleitversuche wirtschaftlich vertretbar sind. Für alle Versuche hat sich eine Klemmendrehzahl $n_{Kl} = 700\ \text{min}^{-1}$ für jede Einspannlänge als günstig erwiesen. Die Klemmendrehzahl kann mittels Regelwiderstand leicht eingestellt und die Größe der Gleitlänge *fliegend* abgelesen werden.

5.2. Versuchsanzahl

5.2.1. Anzahl der Versuche für die Gleitlängenbestimmung

Die in Tab. 8 angegebenen Gleitlängen sind Mittelwerte aus je 25 Einzelmessungen. Die Schwankungen der Einzelwerte untereinander sind gering und von der Garn- bzw. Drehungsungleichmäßigkeit abhängig. Die Genauigkeit der *fliegenden* Ablesungen beträgt $\pm$ 0,5 mm. Entsprechend ist nach Umrechnung die 1/4-Gleitlänge durch Auf- bzw. Abrunden auf $\pm$ 0,5 mm genau anzugeben und mit dem Längenzeiger an der Skala (Abb. 20) einzustellen.

Die Zusammenstellung in Tab. 9 enthält die erforderliche Versuchsanzahl für die Gleitlängenbestimmung, wobei Stichprobenumfänge von $N = 25, 20, 15, 10$ und 5 untersucht wurden. Aus den Rundwerten (auf- bzw. abgerundeten Mittelwerten) in Tab. 9 geht hervor, daß 5 Gleitlängenversuche für alle Garne (Baumwoll-, Kammgarn- und Streichgarne sowie die entsprechenden Mischgarne) sowohl bei 500 mm als auch bei 250 mm Einspannlänge ausreichen.

5.2.2. Anzahl der Versuche für die Drehungsbestimmung

Um die erforderliche Mindestversuchsanzahl für die Drehungsmessung zu bestimmen, wurden von einem Baumwoll-, einem Kamm- und einem Streichgarn aus Stichprobenumfängen $N = 100$ Messungen nach dem modifizierten Spannungsfühlerverfahren (Einspannlänge $E = 500$ und 250 mm) und $N = 200$ Messungen nach dem Aufdrehverfahren ($E = 50$ mm bei Kamm- und Streichgarnen; $E =$

Tabelle 9. Erforderliche Versuchsanzahl zur Bestimmung der 1/4-Gleitlänge

Garnart	Nm_{Ist} [m/g]	$\alpha_{m_{Ist}}$	Einspannlänge [mm]	1/4-Gleitlänge [mm] Mittelwert bei Stichprobenumfang von $N = 25$	$N = 20$	$N = 15$	$N = 10$	$N = 5$	Rundwert bei Stichprobenumfang von $N = 25$	$N = 20$	$N = 15$	$N = 10$	$N = 5$
Baumwollgarn, gekämmt	184,8	105	500	2,92	2,86	2,83	2,89	2,88	3,0	3,0	3,0	3,0	3,0
(Koked 38/40 mm)	[5,6 tex]		250	1,69	1,67	1,68	1,68	1,72	1,5	1,5	1,5	1,5	1,5
Baumwollgarn, gekämmt	21,8	113	500	6,19	6,15	6,19	6,08	6,05	6,0	6,0	6,0	6,0	6,0
(Koked 38/40 mm)	[46 tex]		250	3,20	3,19	3,18	3,14	3,10	3,0	3,0	3,0	3,0	3,0
Baumwollgarn, kardiert	67,3	123	500	3,47	3,48	3,43	3,41	3,53	3,5	3,5	3,5	3,5	3,5
	[15 tex]		250	1,96	1,94	1,91	1,94	2,03	2,0	2,0	2,0	2,0	2,0
Viskosefasergarn	55,8	114	500	4,14	4,13	4,12	4,09	3,88	4,0	4,0	4,0	4,0	4,0
Plavia 1,2 den, 40 mm	[18 tex]		250	1,98	2,03	2,11	2,11	2,10	2,0	2,0	2,0	2,0	2,0
Baumwollmischgarn	85,4	110	500	4,65	4,64	4,63	4,58	4,63	4,5	4,5	4,5	4,5	4,5
33% Dederonfaser	[12 tex]		250	2,15	2,16	2,18	2,14	2,13	2,0	2,0	2,0	2,0	2,0
67% Baumwolle													
Viskosefaserstreichgarn	8,9	81	250	1,33	1,34	1,34	1,38	1,35	1,5	1,5	1,5	1,5	1,5
50% Viskosefaser	[110 tex]												
50% Wolle													
Viskosefaserstreichgarn	10,5	93	250	1,23	1,23	1,22	1,14	1,24	1,0	1,0	1,0	1,0	1,0
6% Dederonfaser	[96 tex]												
74% Viskosefaser													
20% Mischgarnabfälle													
Viskosefaserkammgarn	20,0	76	250	0,98	0,96	0,94	0,96	0,98	1,0	1,0	1,0	1,0	1,0
	[50 tex]												
Kammgarn	28,2	78	250	1,22	1,24	1,23	1,19	1,22	1,0	1,0	1,0	1,0	1,0
100% Australwolle	[36 tex]												

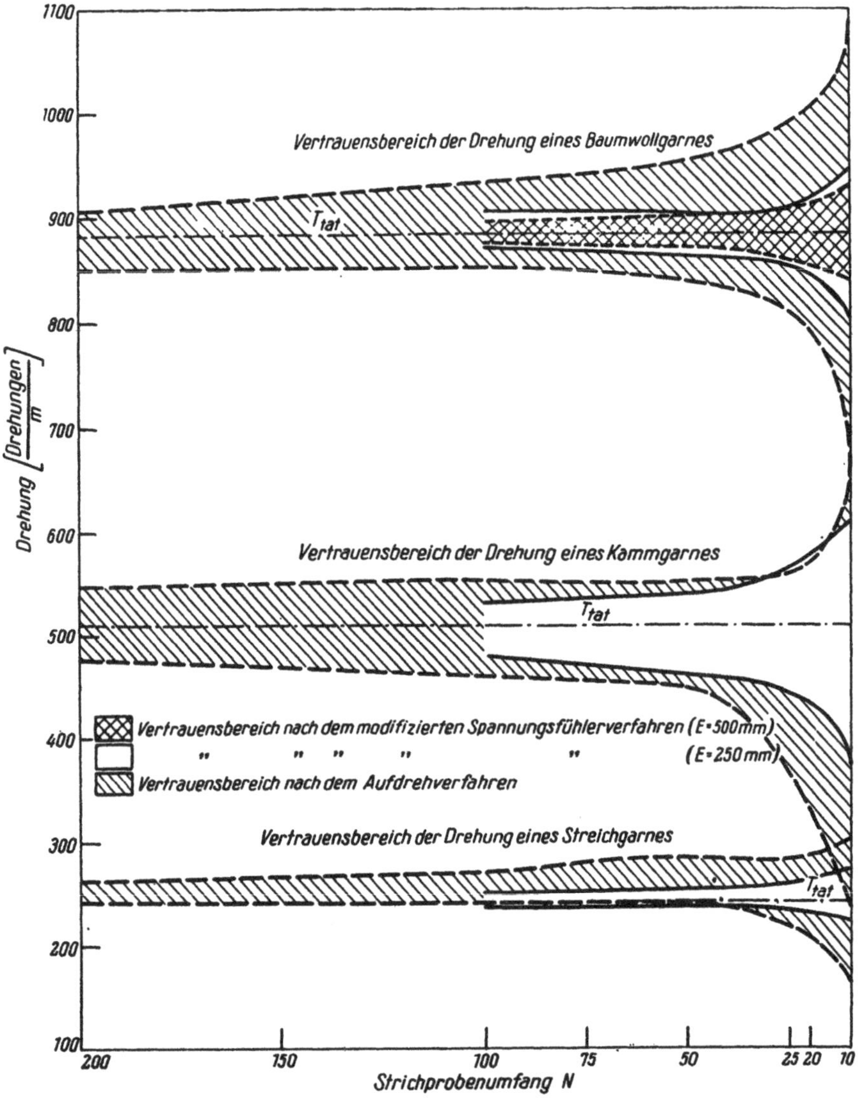

Diagr. 6. Vertrauensbereiche der Drehung in Abhängigkeit vom Stichprobenumfang (modifiziertes Spannungsfühlerverfahren $E = 500$ und 250 mm, Aufdrehverfahren $E = 50$ und 25 mm)

25 mm bei Baumwollgarnen) durchgeführt. Die beiden Stichprobenumfänge wurden wiederum in jeweils 5 kleinere Prüfumfänge aufgeteilt:

Modifiziertes Spannungsfühlerverfahren ($E = 500$ und 250 mm)	Aufdrehverfahren ($E = 50$ und 25 mm)
$N = 100$	$N' = 200$
$N_1 = 75$	$N_1' = 150$
$N_2 = 50$	$N_2' = 100$
$N_3 = 25$	$N_3' = 50$
$N_4 = 20$	$N_4' = 25$
$N_5 = 10$	$N_5' = 10$

Von den angeführten Stichprobenumfängen (N bis N_5 und N' bis N_5') wurden die Drehungsmittelwerte mit ihren Vertrauensbereichen bei einer statistischen Sicherheit von $S = 99{,}9\%$ berechnet. Die graphische Darstellung der Vertrauensbereiche der Drehung in Abhängigkeit vom Stichprobenumfang zeigt Diagramm 6.

Die wichtigste Kenngröße der Drehungsprüfung ist der Mittelwert einer Stichprobe und seine Genauigkeit. Aus dem Diagramm geht hervor, daß mit steigender Versuchsanzahl naturgemäß eine Einengung des Vertrauensbereiches des Mittelwertes einhergeht und die Genauigkeit des Mittelwertes ansteigt. Die Vertrauensbereiche der mit dem modifizierten Spannungsfühlerverfahren festgestellten Drehungsmittelwerte bei einem Stichprobenumfang von $N = 100$ sind selbst bei $E = 250$ mm kleiner als diejenigen des Aufdrehverfahrens bei $N = 200$. Das ist auf die kleinen Prüflängen beim Aufdrehverfahren zurückzuführen. Die Einzelwerte von kleinen Prüflängen unterliegen größeren Schwankungen als diejenigen von größeren.

Die Mindestanzahl der zu prüfenden Einheiten wird festgelegt bzw. vereinbart. Sie ist abhängig von der Einspannlänge, von der Anzahl der Drehungen sowie von der geforderten Mittelwertgenauigkeit und der Streuung. In der Vorlage zur Norm DIN 53832 [13] und zu TGL 0-53832 sind für das Aufdrehverfahren mindestens 20 Versuche vorgesehen. Diese Mindestanzahl reicht nach den gemachten Erfahrungen nicht aus, um auch nur annähernd eine Bewertung des Stichprobenumfanges vorzunehmen. Nach den Kurvenbändern und Versuchsergebnissen zu urteilen, sind beim Aufdrehverfahren für Einspannlängen von 50 und 25 mm mindestens 50 Versuche erforderlich. Für das modifizierte Spannungsfühlerverfahren ($E = 500$ und 250 mm) ist ein Stichprobenumfang von $N = 20$ Versuchen als ausreichend anzusehen.

6. Prüfvorschrift für das modifizierte Spannungsfühlerverfahren

Festlegung bzw. praktische Ermittlung der *Vorspannkraft* entsprechend der zulässigen Verlängerung (1% für Garne, die nach dem Baumwollspinnverfahren, 0,5% für Garne, die nach dem Streich- und Kammgarnspinnverfahren hergestellt sind).

Bestimmung der Gleitlänge

a) Einstellung der Einspannlänge am Drehungsprüfgerät (250 oder 500 mm).

b) Einstellung der Vorspannkraft am Spannungsfühler.

c) Fadenstück (willkürlich vom Strang abziehen, keine aneinander anschließenden Fadenstücke prüfen!) in Fühlerklemme einlegen und festklemmen.

d) Fadenstück in drehbare Klemme einbringen und Faden nachziehen, ohne das Prüfstück mit den Fingern zu berühren, bis der Längenzeiger, nachdem der Arretierhebel gelöst und der Blockierhebel (Abb. 20) außer Eingriff gebracht ist, seine Nullstellung erreicht; dann Klemme schließen.

e) Überstehendes Fadenende an drehbarer Klemme entfernen.

f) Motor einschalten ($n_{Kl} = 700\ \text{min}^{-1}$; Drehrichtung der rotierenden Klemme entgegengesetzt zur Garndrehungsrichtung).

g) Gleitlänge an Skala *fliegend* ablesen und Mittelwert aus 5 Versuchen bestimmen.

h) 1/4-Gleitlänge berechnen.

i) 1/4-Gleitlänge am Längenzeiger mittels Blockierhebel einstellen.

Eigentliche Drehungsprüfung. Die Arbeitsgänge sind identisch mit denjenigen bei der Bestimmung der Gleitlänge von a bis f. Unterschiedlich ist nur, daß bei d der Blockierhebel entsprechend nach Punkt i eingestellt wird und bei f die Klemmendrehzahl 800 oder 1200 min^{-1} beträgt. Das Fadenstück wird über die Faserparallellage hinweg auf- und wieder zugedreht, bis der Längenzeiger seine Nullstellung wieder erreicht hat.

k) An den Zählscheiben wird jetzt die Drehungszahl abgelesen.

7. Versuchsergebnisse

7.1. Auswertung der Versuchsergebnisse

In der vorliegenden Versuchsstudie *V* 1 bis *V* 6 setzen sich die Drehungsmittelwerte aus $N = 100$ Einzelwerten beim modifizierten Spannungsfühlerverfahren und $N = 200$ Einzelwerten beim Aufdrehverfahren zusammen. Die Drehungsprüfungen erfolgten bei unterschiedlichen Einspannlängen (Aufdrehverfahren: $E = 25$ mm und 50 mm; Spannungsfühlerverfahren: $E = 100$ mm, 250 mm, 400 mm und 500 mm). Um vergleichbare Werte zu erhalten, wurden Mittelwert und mittlere quadratische Abweichung auf die gleiche Längeneinheit bezogen [Dreh./m]. Zwischen Drehung und Einspannlänge besteht eine lineare Beziehung, so daß der Mittelwert und die mittlere quadratische Abweichung auf die gleiche Längeneinheit umgerechnet werden dürfen [154]. Der Vertrauensbereich wurde für eine statistische Sicherheit von $S = 99{,}9\%$ berechnet. Zur Erhärtung der Aussagekraft, inwieweit die Abweichung zwischen der mittleren tatsächlichen Drehung T_{tat} je Meter und dem durch das Drehungsprüfverfahren (Spannungsfühler- bzw. Aufdrehverfahren) erhaltenen Drehungsmittelwert $\overline{T}_S$ bzw. $\overline{T}_A$ (allgemein ausgedrückt mit $\overline{T}$ [Dreh./m]) gesichert oder zufällig ist, wurde der t-Wert bei zweiseitiger Fragestellung nach der Beziehung [154]

$$t = \frac{|\overline{T} - \overline{T}_{tat}|}{s} \cdot \sqrt{N} \qquad (32)$$

bestimmt und die zugehörigen Sicherheiten $S = f(t)$ berechnet.
Es bedeuten:

$\overline{T}$ = Drehungsmittelwert nach dem modifizierten Spannungsfühlerverfahren ($\overline{T}_S$) bzw. nach dem Aufdrehverfahren ($\overline{T}_A$) [Dreh./m]

T_{tat} = mittlere tatsächliche Drehung [Dreh./m]

N = Stichprobenumfang (Spannungsfühlerverfahren: $N = 100$; Aufdrehverfahren: $N = 200$)

s = mittlere quadratische Abweichung [Dreh./m]

Die zu t gehörende statistische Sicherheit S [%] wird für den Freiheitsgrad $n = N - 1$ mit Tabellenwerten verglichen und nach bekannten Regeln der mathematischen Statistik entschieden (Tab. 10).

Tabelle 10. Zusammenstellung der statistischen Regeln

Stichprobenumfang	t-Werte nach Tabelle[1]	Statistische Sicherheit [%]	Statistische Regeln[2] Abweichung ist statistisch
$N = 100$	$t < 1{,}984$		
$N = 200$	$t < 1{,}972$	$S < 95$	nicht gesichert
$N = 100$	$t = 1{,}984 \ldots 2{,}627$		noch nicht gesichert
		$S = 95 \ldots 99$	(durch weitere Untersuchungen
$N = 200$	$t = 1{,}972 \ldots 2{,}601$		Aussage erhärten)
$N = 100$	$t > 2{,}627$		
$N = 200$	$t > 2{,}601$	$S > 99$	gesichert

[1] GRAF, U., u. HENNING, H. J., Statistische Methoden bei textilen Untersuchungen. Springer-Verlag, Berlin 1952, S. 254.

[2] Ebenda, S. 71/72.

Verwendete Kurzzeichen:

Nm_{Ist} = metrische Istgarnnummer [m/g]
α_{mIst} = metrischer Istdrehungsgrad
P = Vorspannkraft [p]
L = Gleitlänge [mm]
Δl = 1/4-Gleitlänge [mm]
$\Delta l'$ = Längenzeigerausschlag beim Aufdrehverfahren [mm]
E = Einspannlänge [mm]
T_{tat} = mittlere tatsächliche Drehung [Dreh./m] des Drehungstestgarnes
$\overline{T}_S$ = Mittelwert der nach dem modifizierten Spannungsfühlerverfahren gemessenen Drehung [Dreh./m]
$\overline{T}_A$ = Mittelwert der nach dem Aufdrehverfahren gemessenen Drehung [Dreh./m]

7.2. Drehungsmessungen an gekämmten Baumwoll-Drehungstestgarnen unterschiedlicher Feinheit

An 8 gekämmten Baumwoll-Drehungstestgarnen (*Nm* 184,8 [5,6 tex] bis *Nm* 21,8 [46 tex]) mit annähernd konstantem Drehungsgrad von $\alpha_m = 108$ wurden die Drehungen in Abhängigkeit von der Gleitlänge (minimale, 1/4-, 1/3- und 1/2-Gleitlänge) geprüft. In dieser Versuchsreihe wird nachgewiesen, inwieweit und mit welcher Genauigkeit die nach dem modifizierten Spannungsfühlerverfahren bei verschiedenen Einspannlängen (500, 400, 250 und 100 mm) gemessenen Drehungen mit den tatsächlichen Drehungen der Drehungstestgarne unterschiedlicher Feinheit übereinstimmen (Tab. 11).

Gemessene Drehungszahl in Abhängigkeit von der Gleitlänge. Die gemessenen Drehungsmittelwerte (Tab. 11) lassen bei allen Einspannlängen eine steigende Tendenz der Drehungszahl mit zunehmender Zeigerausschlaglänge Δl erkennen. Auch mit abnehmender Garnfeinheit (Drehungsgrad konstant) steigt die Ausschlaglänge Δl an. Für die Versuchsgarne beträgt bei 1/4-Gleitlänge (E = 500 mm) die Zeigerausschlaglänge Δl 3,0 bis 6,0 mm, bei 1/3-Gleitlänge 4,0 bis 8,0 mm bzw. bei 1/2-Gleitlänge 6,0 bis 12,5 mm. In Diagramm 7 ist die bei 500 mm ermittelte Drehungszahl der Drehungstestgarne *V* 1/1 bis *V* 1/8 als Funktion der Gleitlänge (minimale, 1/4-, 1/3- und 1/2-Gleitlänge) nach den Werten in Tab. 11 aufgetragen. Nach den eingezeichneten Geraden (Diagr. 7) besteht zwischen Drehung und Ausschlaglänge Δl ein linearer Zusammenhang. Je größer Δl wird, um so mehr Drehung zeigt das modifizierte Spannungsfühlerverfahren an.

Wird die Zeigerausschlaglänge größer als 1/4-Gleitlänge gewählt, so entsteht während der Drallauflösung unter der Wirkung der Vorspannkraft ein unerwünschter Faserverzug. Infolge des Fehlverzuges verlängert sich das eingespannte Fadenstück, und zwar mehr, als durch die Einspinnung ausgeglichen werden kann. Um den Faserverband erneut zu verfestigen und gleichzeitig damit den Längenzeiger in die Ausgangsstellung zurückzuführen, sind dem Faden zur Überwindung der unerwünschten Verlängerung eine größere Anzahl Drehungen zu erteilen.

Tabelle 11.

Nach dem modifizierten Spannungsfühlerverfahren bei Anwendung unterschiedlicher Gleit- und Einspannlängen festgest

Versuch	Garnart	Nm_{Ist} [m/g]	αm_{Ist}	T_{tat} [Dreh./m]	P [p]	L [mm]	E [mm]	Minimale Gleitlänge: Δl [mm]	$\overline{T}_S \pm q_S$ [Dreh./m]	$\pm s$ [Dreh./m]	V [%]	t	Abweichung zwischen $\overline{T}_S$ u. T_{tat}	Δl [mm
V 1/1	Baumwollgarn, gekämmt	184,8	105	1426	2,5	11,7	500	1,0	1354 ± 26	77	5,7	9,351	gesichert	3,0
	Koked-Bw, 38/40 mm	[5,6 tex]				9,7	400	1,0	1321 ± 32	93	7,0	11,290	gesichert	2,5
						6,7	250	1,0	1395 ± 39	115	8,2	2,696	gesichert	1,5
						3,1	100							
V 1/2	Baumwollgarn, gekämmt	153,8	107	1328	3,0	14,1	500	1,0	1277 ± 22	66	5,2	6,970	gesichert	3,5
	Koked-Bw, 38/40 mm	[6,4 tex]				11,0	400	1,0	1267 ± 27	79	6,2	7,089	gesichert	3,0
						7,3	250	1,0	1248 ± 35	104	8,3	7,212	gesichert	2,0
						3,5	100							
V 1/3	Baumwollgarn, gekämmt	117,9	106	1153	4,0	15,3	500	1,0	1086 ± 19	56	5,2	11,964	gesichert	4,0
	Koked-Bw, 38/40 mm	[8,4 tex]				13,1	400	1,0	1093 ± 22	64	5,9	9,375	gesichert	3,5
						8,2	250	1,0	1145 ± 34	101	8,8	0,792	nicht ges.	2,0
						3,8	100.							1,0
V 1/4	Baumwollgarn, gekämmt	95,6	107	1043	5,0	16,3	500	1,0	1001 ± 14	42	4,2	10,000	gesichert	4,0
	Koked-Bw, 38/40 mm	[10,5 tex]				12,5	400	1,0	1037 ± 19	55	5,3	1,091	nicht ges.	3,0
						8,1	250	1,0	1037 ± 24	71	6,8	0,845	nicht ges.	2,0
						3,7	100							1,0
V 1/5	Baumwollgarn, gekämmt	74,3	108	932	6,5	16,0	500	1,0	904 ± 11	32	3,5	8,750	gesichert	4,0
	Koked-Bw, 38/40 mm	[13 tex]				13,7	400	1,0	890 ± 12	37	4,2	11,351	gesichert	3,5
						8,1	250	1,0	907 ± 18	52	5,7	4,808	gesichert	2,0
						3,8	100							1,0
V 1/6	Baumwollgarn, gekämmt	58,4	108	825	8,5	18,1	500	1,0	801 ± 14	41	5,1	5,854	gesichert	4,5
	Koked-Bw, 38/40 mm	[17 tex]				14,6	400	1,0	804 ± 13	38	4,7	5,526	gesichert	3,5
						8,7	250	1,0	827 ± 17	51	6,2	0,392	nicht ges.	2,0
						3,8	100							1,0
V 1/7	Baumwollgarn, gekämmt	46,0	109	739	11,0	18,0	500	1,0	727 ± 8	24	3,3	5,000	gesichert	4,5
	Koked-Bw, 38/40 mm	[22 tex]				14,0	400	1,0	734 ± 10	30	4,1	1,667	nicht ges.	3,5
						8,7	250	1,0	745 ± 14	40	5,4	1,500	nicht ges.	2,0
						3,7	100							
V 1/8	Baumwollgarn, gekämmt	21,8	113	526	23,0	24,8	500	1,0	513 ± 8	25	4,9	5,200	gesichert	6,0
	Koked-Bw, 38/40 mm	[46 tex]				20,8	400	1,0	515 ± 6	10	2,7	5,789	gesichert	5,0
						12,8	250	1,0	525 ± 8	22	4,2	0,455	nicht ges.	3,0
						5,3	100	1,0	530 ± 11	31	5,8	1,290	nicht ges.	1,5

meßwerte von gekämmten Baumwoll-Drehungstestgarnen unterschiedlicher Feinheit

Modifiziertes Spannungsfühlerverfahren															
-Gleitlänge				1/8-Gleitlänge						1/2-Gleitlänge					
± s [...eh./m]	V [%]	t	Abweichung zwischen $\bar{T}_S$ u. T_{tat}	Δ l [mm]	$\bar{T}_S \pm q_S$ [Dreh./m]	± s [Dreh./m]	V [%]	t	Abweichung zwischen $\bar{T}_S$ u. T_{tat}	Δ l [mm]	$\bar{T}_S \pm q_S$ [Dreh./m]	± s [Dreh./m]	V [%]	t	Abweichung zwischen $\bar{T}_S$ u. T_{tat}
55	3,9	2,182	noch nicht gesichert	4,0	1428 ± 31	92	6,4	0,217	nicht ges.	6,0	1475 ± 29	85	5,8	5,765	gesichert
92	6,5	1,957	nicht ges.	3,0	1423 ± 32	95	6,7	0,316	nicht ges.	5,0	1465 ± 30	87	5,9	4,483	gesichert
93	6,5	0,323	nicht ges.	2,0	1410 ± 46	135	9,6	1,185	nicht ges.	3,5	1466 ± 40	118	8,0	3,390	gesichert
				1,0	1401 ± 71	210	15,0	1,190	nicht ges.	1,5	1472 ± 65	193	13,1	2,383	noch nicht gesichert
53	4,0	0,755	nicht ges.	4,5	1331 ± 23	69	5,2	1,159	nicht ges.	7,0	1382 ± 23	69	5,0	8,551	gesichert
72	5,4	0,694	nicht ges.	3,5	1332 ± 19	56	4,2	1,607	nicht ges.	5,5	1399 ± 17	81	5,8	9,383	gesichert
109	8,3	0,826	nicht ges.	2,5	1331 ± 35	104	7,8	0,769	nicht ges.	3,5	1404 ± 36	106	7,5	7,642	gesichert
				1,0	1267 ± 48	141	11,1	3,972	gesichert	2,0	1400 ± 54	160	11,4	4,813	gesichert
60	5,2	1,167	nicht ges.	5,0	1147 ± 18	54	4,7	1,111	nicht ges.	7,5	1167 ± 21	63	5,4	2,222	noch nicht gesichert
69	6,0	0,725	nicht ges.	4,5	1166 ± 23	68	5,8	1,912	nicht ges.	6,5	1198 ± 22	64	5,3	7,031	gesichert
85	7,4	0,235	nicht ges.	2,5	1164 ± 29	86	7,4	1,279	nicht ges.	4,0	1193 ± 27	80	6,7	5,000	gesichert
134	11,7	0,597	nicht ges.	1,5	1183 ± 44	130	11,0	2,308	noch nicht gesichert	2,0	1247 ± 46	136	10,9	6,912	gesichert
35	3,4	0,857	nicht ges.	5,5	1063 ± 14	42	4,0	4,762	gesichert	8,0	1108 ± 15	48	4,3	13,542	gesichert
40	3,8	0,750	nicht ges.	4,0	1062 ± 17	49	4,6	3,878	gesichert	6,5	1074 ± 18	53	4,9	5,849	gesichert
63	6,0	0,159	nicht ges.	2,5	1060 ± 27	81	7.6	2,100	noch nicht gesichert	4,0	1095 ± 21	61	5,6	8,525	gesichert
118	10,1	2,542	noch nicht gesichert	1,5	1095 ± 49	146	13,3	3,562	gesichert	2,0	1113 ± 42	124	11,1	5,645	gesichert
36	3,9	0,278	nicht ges.	5,5	936 ± 12	35	3,7	1,143	nicht ges.	8,0	961 ± 11	33	3,4	8,788	gesichert
43	4,6	0,465	nicht ges.	4,5	932 ± 18	53	5,7	0,000	nicht ges.	7,0	963 ± 16	46	4,8	6,739	gesichert
57	6,1	0,000	nicht ges.	2,5	937 ± 19	57	6,1	0,877	nicht ges.	4,0	964 ± 18	54	5,6		gesichert
81	8,5	2,598	noch nicht gesichert	1,5	962 ± 26	77	8,0	3,896	gesichert	2,0	984 ± 28	91	9,2	5,714	gesichert
29	3,5	0,000	nicht ges.	6,0	847 ± 11	32	3,8	6,875	gesichert	9,0	863 ± 9	25	2,9	15,200	gesichert
42	5,1	0,952	nicht ges.	5,0	836 ± 13	38	4,5	2,895	gesichert	7,5	841 ± 14	42	5,0	3,810	gesichert
51	6,2	0,392	nicht ges.	3,0	834 ± 16	46	5,5	1,957	nicht ges.	4,5	854 ± 18	53	6,2	5,472	gesichert
62	7,4	0,210	nicht ges.	1,5	868 ± 25	75	8,6	5,733	gesichert	2,0	872 ± 25	75	8,6	6,267	gesichert
27	3,6	1,852	nicht ges.	6,0	756 ± 9	26	3,4	6,538	gesichert	9,0	768 ± 11	31	4,0	9,355	gesichert
36	4,9	1,389	nicht ges.	4,5	757 ± 12	35	4,6	5,143	gesichert	7,0	774 ± 12	35	4,5	10,000	gesichert
41	5,5	0,976	nicht ges.	3,0	757 ± 13	37	4,9	4,865	gesichert	4,5	780 ± 13	38	4,9	10,789	gesichert
				1,0	787 ± 25	72	9,1	6,667	gesichert	2,0	783 ± 24	71	9,1	6,197	gesichert
19	3,6	1,579	nicht ges.	8,0	537 ± 6	18	3,4	6,111	gesichert	12,5	540 ± 5	15	2,8	9,333	gesichert
18	3,4	2,222	noch nicht gesichert	7,0	539 ± 6	17	3,2	7,647	gesichert	10,5	538 ± 7	22	4,1	5,455	gesichert
26	4,9	1,923	nicht ges.	4,5	536 ± 10	28	5,2	3,571	gesichert	6,5	538 ± 7	22	4,1	5,455	gesichert
30	5,7	1,000	nicht ges.	2,0	534 ± 11	31	5,8	2,581	noch nicht gesichert	2,5	548 ± 10	30	5,5	7,333	gesichert

Fehlverzüge bei der Drehungsprüfung bedeuten Fehldrehungen. Je größer der Fehlverzug ist, um so mehr Drehungen müssen aufgewendet werden. Ein Fehlverzug bewirkt auch eine Neuverteilung der Fasern im Garnquerschnitt. Dünne und dicke Garnstellen werden unkontrollierbar verzogen, und die Garn- und Drehungsungleichmäßigkeit nimmt zu. Diese Erscheinung kommt in den Versuchsergebnissen (Tab. 11) sehr deutlich zum Ausdruck. Die mittleren quadratischen Abweichungen und die Variationskoeffizienten, die sich aus den Drehungswerten bei 1/3- und 1/2-Gleitlänge ergeben, sind vorwiegend größer als diejenigen bei 1/4-Gleitlänge. Die statistischen Kenngrößen sind demzufolge nicht nur materialbedingt, sondern u. a. auch von den Prüfbedingungen abhängig.

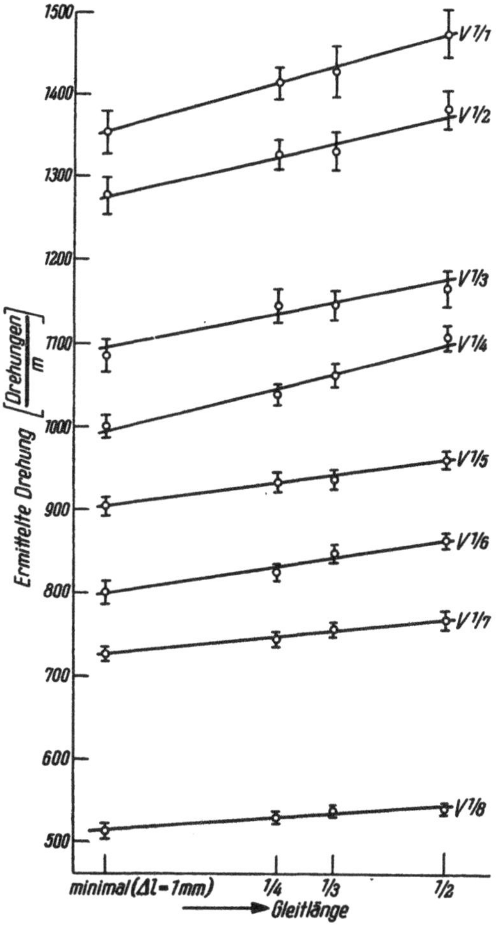

Diagr. 7. Drehung in Abhängigkeit von der Gleitlänge (Einspannlänge = 500 mm)

Wenn dagegen der Zeigerausschlag zur Vermeidung von Fehlverzügen sehr klein gewählt wird, wie es bei Anwendung der minimalen Gleitlänge ($\Delta l = 1$ mm) der Fall ist, so liefert das Drehungsprüfverfahren allgemein niedrigere Werte. Abgesehen vom fehlerhaften Einfluß einer konstanten Zeigerausschlaglänge für alle Garnfeinheiten sind die nach unten abweichenden Ergebnisse vorwiegend auf Kringelbildung während des Zudrehens zurückzuführen, weil bei 1 mm Ausschlaglänge die Vorspannkraft als Fadenzugkraft nicht voll zur Wirkung kommt. Den hineingegebenen Drehungen steht während des Zeigerrückganges nicht *genügend Zeit* zur Verfügung, sich gesetzmäßig fortzupflanzen; sie überlagern sich und ziehen das Fadenstück stellenweise zusammen. Der Längenzeiger erreicht infolge der Kringelbildung vorzeitig seine Nullstellung. Die Einspannlänge spielt hierbei eine wesentliche Rolle. Die Kringelbildung tritt bei konstantem Zeigerausschlag ($\Delta l = 1$ mm) mit größer werdender Einspannlänge stärker in Erscheinung als bei kleinen Prüflängen.

Die Anwendung der 1/4-Gleitlänge schaltet sowohl Kringel- als auch Fehlverzugserscheinungen weitgehend aus. Vergleicht man die für die Drehungstestgarne ermittelten Einspinnungsprozente E (Tab. 3, V 1/1 bis V 1/8) mit den Ausschlaggrößen der 1/4-Gleitlänge (Tab. 11), so liegt die Einspinnung immer höher als die angewendete Zeigerausschlaglänge Δl. Das zeichnet sich auch in den folgenden Versuchsreihen *V* 2 bis *V* 6 ab. Während des Aufdrehens haben die Fasern infolge der Einspinnung einen genügend großen Reibungsschluß, so daß nach Erreichen der Ausschlaglänge kein Fehlverzug eintreten kann. Diese Annahme bestätigen die bei dem Ausschlag von 1/4-Gleitlänge festgestellten Versuchsergebnisse.

Die das modifizierte Spannungsfühlerverfahren kennzeichnende *1/4-Gleitlänge* ist allerdings technologisch nicht zutreffend, da bei der Drehungsprüfung unter Anwendung der *1/4-Gleitlänge* kein Fasergleiten stattfindet; die Fasern verbleiben in ihrer Lage, während des Drehvorganges tritt lediglich eine Veränderung des Faserneigungswinkels ein, wobei der Neigungswinkel vor dem Aufdrehen mit dem des wieder zugedrehten Fadenstückes übereinstimmt.

Vergleich zwischen tatsächlicher und gemessener Drehung. Zwischen den tatsächlichen Drehungen T_{tat} der Drehungstestgarne und den nach dem modifizierten Spannungsfühlerverfahren bei 1/4-Gleitlänge gemessenen Drehungen $\overline{T}_S$ besteht eine sehr straffe Korrelation (Tab. 11). Die tatsächliche Drehung der Garne *V* 1/1 bis *V* 1/8 liegt immer in den Vertrauensbereichen der ermittelten Drehungsmittelwerte. Bei der minimalen, der 1/3- und der 1/2-Gleitlänge tritt jeweils eine systematische Abweichung nach unten bzw. nach oben ein.

Bemerkenswert ist, daß das modifizierte Spannungsfühlerverfahren nicht nur bei 500 mm, sondern auch bei 400, 250 und 100 mm Einspannlänge — unter Anwendung der jeweiligen Ausschlaglänge von 1/4-Gleitlänge — die tatsächliche Drehung reproduziert. Bei 100 mm Prüflänge ist die Drehungsbestimmung infolge der kurzen Ausschlaglängen und der Meßgenauigkeit von $\pm$ 0,5 mm jedoch nur beschränkt durchführbar. Bei feineren Garnen als *Nm* 120 [8,4 tex] ist 100 mm Einspannlänge wegen der erwähnten Mängel ganz zu vermeiden. Es wird empfohlen, künftig die Drehungsprüfung nach dem modifizierten Spannungsfühlerverfahren entweder bei 500 mm oder bei 250 mm Einspannlänge vorzunehmen.

Bei der größten Einspannlänge von 500 mm sind die Vertrauens- und Schwankungsbereiche der mittleren quadratischen Abweichungen sowie die Variationskoeffizienten kleiner als bei 250 bzw. 100 mm Einspannlänge. Das beruht auf der bekannten Erscheinung, daß sich bei größeren Einspannlängen die Wahrscheinlichkeit des Vorkommens dünner und dicker Stellen im Prüfling erhöht. Nach der Längenvariationskurve der Drehung von Wegener [116] stimmt der *totale Variationskoeffizient* der Drehung etwa mit dem der Masse überein. Die Schwankungen der Drehung erstrecken sich im Vergleich zu denen der Masse über kleinere Garnlängen.

Das fehlerfreie Arbeiten des modifizierten Spannungsfühlerverfahrens bei den verschiedenen Einspannlängen zeigen auch die Drehungsmittelwerte insofern, als sie sich mit abnehmender Prüflänge nicht tendenzmäßig nach unten bzw. nach oben verändern. Die Mittelwerte weisen eine zufällige Verteilung um den tatsächlichen Drehungswert auf. Die statistischen Kenngrößen verändern sich bei konstantem Stichprobenumfang mit der Größe der Einspannlänge, aber die Mittelwertgenauigkeit bleibt allgemein erhalten.

Die Übereinstimmung zwischen $\overline{T}_S$ bei 1/4-Gleitlänge und T_{tat} wird ferner durch den *t*-Test bestätigt. Zwischen $\overline{T}_S$ und T_{tat} bestehen keine statistisch gesicherten

Unterschiede. Die Abweichungen sind zufällig und somit nicht zu beanstanden. Noch nicht gesicherte Unterschiede ergeben — nach den übrigen Drehungsmittelwerten des betreffenden Garnes zu urteilen — bei Wiederholungsprüfungen ebenfalls einen ungesicherten Unterschied; denn die t-Werte tendieren bereits zum ungesicherten Bereich hin. Die Unterschiede zwischen den tatsächlichen Drehungen und den Drehungsmittelwerten von minimaler, 1/3- und 1/2-Gleitlänge sind in der Mehrzahl statistisch gesichert bzw. lassen auf eine sehr lose Korrelation mit T_{tat} schließen. Das Spannungsfühlerverfahren arbeitet bei diesen Ausschlaglängen nicht zufriedenstellend, so daß keine weiteren Betrachtungen angestellt werden.

Zur Veranschaulichung sind die bei 1/4-Gleitlänge und 500 sowie 250 mm Einspannlänge festgestellten Drehungsmittelwerte und deren Vertrauensbereiche

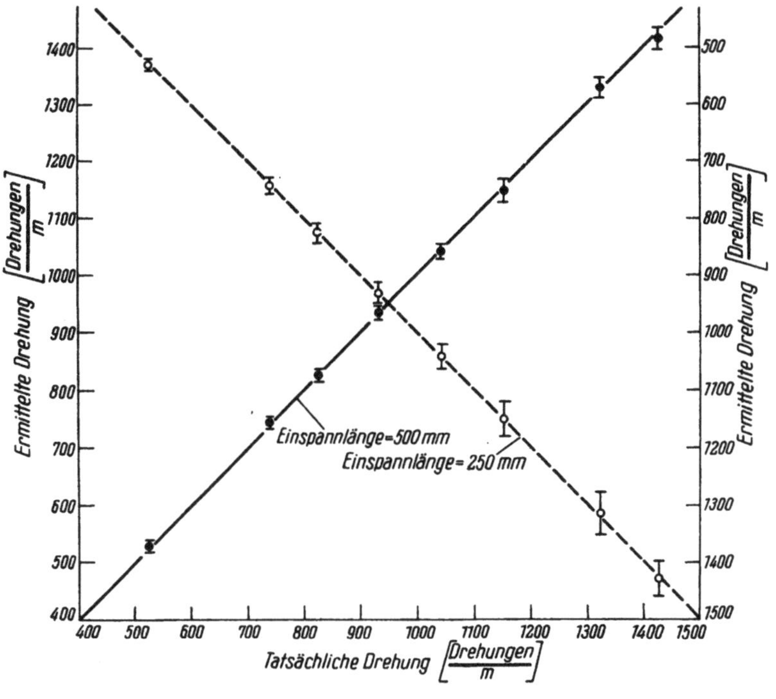

Diagr. 8. Nach dem modifizierten Spannungsfühlerverfahren (E = 500 und 250 mm) festgestellte Drehungsmeßwerte von gekämmten Baumwoll-Drehungstestgarnen unterschiedlicher Feinheit

in Diagramm 8 dargestellt. Wenn — im Idealfall — die ermittelte gleich der tatsächlichen Drehung ist, liegt der Mittelwert auf der eingezeichneten Geraden. In Diagramm 8 werden die Vertrauensbereiche aller Mittelwerte von den Geraden geschnitten. Das modifizierte Spannungsfühlerverfahren reproduziert also bei allen gewählten Prüflängen (E = 500 und 250 mm sowie E = 400 und 100 mm [Tab. 11]) die tatsächliche Drehung. Eine Einengung der Mittelwerttoleranz kann bei Erhöhung der Versuchsanzahl auf $N > 100$ erreicht werden. Die in Tab. 12 zusammengestellten prozentualen Drehungsabweichungen zwischen T_{tat} und $\overline{T}_S$ zeigen, mit welcher Genauigkeit das modifizierte Spannungsfühlerverfahren die Drehungsmittelwerte anzeigt.

Tabelle 12.
Prozentuale Drehungsabweichung zwischen T_{tat} und $\overline{T}_S$

Versuch	Drehungsabweichung [%] bei Einspannlänge von			
	500 mm	400 mm	250 mm	100 mm
V 1/1	0,84	1,26	0,21	—
V 1/2	0,31	0,38	0,68	—
V 1/3	0,61	0,43	0,17	0,69
V 1/4	0,29	0,29	0,10	2,88
V 1/5	0,11	0,21	0,00	2,25
V 1/6	0,00	0,48	0,24	1,58
V 1/7	0,68	0,68	0,54	—
V 1/8	0,57	0,76	0,95	0,57

Wenn auch die prozentualen Abweichungen nur Relativwerte sind, so lassen sich doch interessante Rückschlüsse hinsichtlich der Präzision des modifizierten Spannungsfühlerverfahrens und des Aufdrehverfahrens ziehen. Gemäß Tab. 12 liegt die prozentuale Drehungsabweichung in folgenden Grenzen:

Einspannlänge E [mm]	Drehungsabweichung ΔT_A [%]
500	0,00 bis 0,84
400	0,21 bis 1,26
250	0,00 bis 0,95
100	0,57 bis 2,88

Eine so große Genauigkeit bei 500 mm Einspannlänge wird bisher von keinem anderen Drehungsprüfverfahren erreicht.

Auf Grund der relativ großen Prüflänge beim modifizierten Spannungsfühlerverfahren ist der Einfluß der Ableseungenauigkeit sehr gering; sie beträgt bei 500 mm Einspannlänge im Höchstfalle etwa $\pm$ 0,5 Drehungen je Meter. Da das modifizierte Spannungsfühlerverfahren von der Prüfperson unabhängig ist, kommt als Meßfehler nur der Ablesefehler in Betracht. Die Drehungszahl je Meter kann ohne weiteres auf $\pm$ 1 Drehung genau angegeben werden.

7.3. Vergleichende Drehungsuntersuchungen mit dem Aufdrehverfahren

Die für die vorhergehende Versuchsserie verwendeten gekämmten Baumwoll-Drehungstestgarne V 1/1 bis V 1/8 wurden auch von zwei Beobachtern nach dem üblichen Aufdrehverfahren geprüft (Tab. 13 und Diagr. 9).

Die Prüfergebnisse vom Beobachter 1 korrelieren zwar mit den tatsächlichen Drehungen, aber in keinem so straffen Zusammenhang wie beim modifizierten Spannungsfühlerverfahren. Die Vertrauensbereiche der Mittelwerte (Tab. 13)

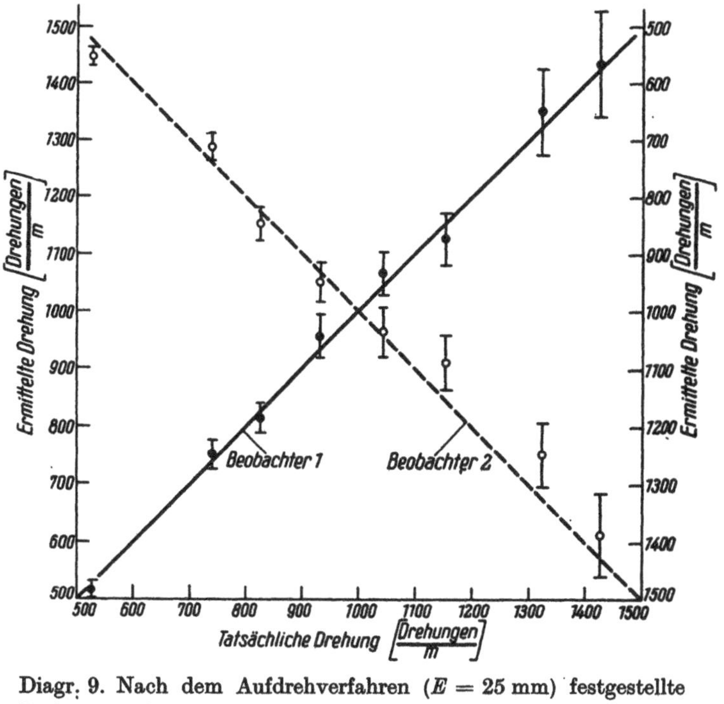

Diagr. 9. Nach dem Aufdrehverfahren ($E = 25$ mm) festgestellte Drehungsmeßwerte von gekämmten Baumwoll-Drehungstestgarnen unterschiedlicher Feinheit (Einfluß der Prüfperson)

sind trotz der hohen Versuchsanzahl ($N = 200$) und der maximal anwendbaren Einspannlänge $E = 25$ mm etwa um das Dreifache größer als diejenigen nach dem modifizierten Spannungsfühlerverfahren bei 500 mm Prüflänge (Tab. 11). Im Vergleich zum Spannungsfühlerverfahren bei 250 mm Einspannlänge hat der Toleranzbereich der mit dem Aufdrehverfahren festgestellten Werte etwa die zweifache Weite. Auch in den Ergebnissen der mittleren quadratischen Abweichung und des Variationskoeffizienten zeichnet sich die Überlegenheit des modifizierten Spannungsfühlerverfahrens deutlich ab ($V = 3{,}4$ bis $5{,}2\%$ bei $E = 500$ mm bzw. $V = 12{,}2$ bis $27{,}5\%$ beim Aufdrehverfahren). Aus dem t-Test und der daraus abgeleiteten statistischen Abweichung zwischen T_{tat} und $\overline{T}_A$ geht hervor, daß der

Tabelle 13. Nach dem Aufdrehverfahren ($E = 25$ mm) festgestellte Drehungsmeßwerte von gekämmten Baumwoll-Drehungstestgarnen unterschiedlicher Feinheit (Einfluß der Prüfperson)

Versuch	Garnart	Nm_{Ist} [m/g]	$\alpha_{m_{Ist}}$	T_{tat} [Dreh./m]	N	P [p]	E [mm]	$\Delta l'$ [mm]	Aufdrehverfahren, Beobachter 1: $\bar{T}_A \pm q_A$ [Dreh./m]	$\pm s$ [Dreh./m]	V [%]	t	Abweichung zwischen $\bar{T}_A$ u. T_{tat}	Beobachter 2: $\bar{T}_A \pm q_A$ [Dreh./m]	$\pm s$ [Dreh./m]	V [%]	t	Abweichung zwischen $\bar{T}_A$ u. T_{tat}
$V1/1$	Baumwollgarn, gekämmt Koked-BW, 38/40 mm	184,8 [5,6 tex]	105	1426	200	2,5	25	1,0	1433 ± 93	394	27,5	0,251	nicht gesichert	1387 ± 73	308	22,2	1,791	nicht gesichert
$V1/2$	Baumwollgarn, gekämmt Koked-BW, 38/40 mm	153,8 [6,4 tex]	107	1323	200	3,0	25	1,0	1349 ± 76	321	23,8	1,145	nicht gesichtert	1249 ± 55	235	18,8	4,453	gesichert
$V1/3$	Baumwollgarn, gekämmt Koked-BW, 38/40 mm	117,9 [8,4 tex]	106	1153	200	4,0	25	1,0	1126 ± 47	199	17,7	1,919	nicht gesichert	1089 ± 47	200	18,4	4,525	gesichert
$V1/4$	Baumwollgarn, gekämmt Koked-BW, 38/40 mm	95,6 [10,5 tex]	107	1043	200	5,0	25	1,0	1066 ± 38	159	14,9	2,046	noch nicht gesichert	1036 ± 43	180	17,4	0,550	nicht gesichert
$V1/5$	Baumwollgarn, gekämmt Koked-BW, 38/40 mm	74,3 [13 tex]	108	932	200	6,5	25	1,0	956 ± 38	163	17,1	2,082	noch nicht gesichert	949 ± 35	148	15,6	1,624	nicht gesichert
$V1/6$	Baumwollgarn, gekämmt Koked-BW, 38/40 mm	58,4 [17 tex]	108	825	200	8,5	25	1,0	815 ± 26	110	13,5	1,286	nicht gesichert	846 ± 29	124	14,7	2,395	noch nicht gesichert
$V1/7$	Baumwollgarn, gekämmt Koked-BW, 38/40 mm	46,0 [22 tex]	109	739	200	11,0	25	1,0	751 ± 26	110	14,6	1,543	nicht gesichert	712 ± 24	104	14,6	3,762	gesichert
$V1/8$	Baumwollgarn, gekämmt Koked-BW, 38/40 mm	21,8 [46 tex]	113	526	200	23,0	25	1,0	517 ± 15	63	12,2	2,020	noch nicht gesichert	554 ± 15	64	11,6	6,187	gesichert

Stichprobenumfang von $N = 200$ nicht immer ausreicht, eine statistische Zufälligkeitsverteilung der Mittelwerte des Aufdrehverfahrens herbeizuführen. Eine einwandfreie Aussage über das Aufdrehverfahren und dessen Genauigkeit ist mitunter erst nach Erhöhung der Versuchsanzahl möglich.

Da anzunehmen war, daß sich beim Aufdrehverfahren vor allem subjektive Einflüsse auf die Ergebnisse auswirken, wurden die Prüfungen unter gleichen Versuchsbedingungen nochmals von einem zweiten Beobachter vorgenommen. Ein Vergleich der von den Beobachtern 1 und 2 gemessenen Drehungswerte und der statistischen Kenngrößen bestätigten die vermutete starke subjektive Abhängigkeit des Aufdrehverfahrens. Die Hälfte aller vom Beobachter 2 festgestellten Werte weist statistisch gesicherte Abweichungen von den wirklichen Werten der Drehungstestgarne auf, die in erster Linie auf subjektive Fehler zurückzuführen sind.

Obwohl beim Aufdrehverfahren die Drehungen unmittelbar gemessen werden und die Drehungsauflösung mit Nadel und Lupe kontrolliert werden kann, sind subjektive Einflüsse selbst bei geübten und spezialisierten Prüfpersonen nicht vollständig zu vermeiden. Die Größe des subjektiven Fehlers wird teilweise auch vom Prüfmaterial beeinflußt. Bei den gekämmten Baumwollgarnen, die nur noch wenige kurze Fasern und Unreinigkeiten enthalten, war nicht immer die exakte Faserparallellage zu erreichen. Je schwieriger es ist, die Parallellage zu erkennen, um so mehr neigt die Prüfperson zum *Abschätzen* der Drehungsanzahl. Die ungenaue Drehungsbestimmung wird auch durch die Art und Weise der Durchführung des Aufdrehverfahrens gefördert. Das Hindurchziehen der Nadel von der festen zur rotierenden Klemme verursacht vielfach Faserzusammenballungen von nicht beidseitig geklemmten Fasern, die ein sicheres Erkennen der Drehungen verhindern. Ähnliche Feststellungen, daß es beim Aufdrehverfahren wegen der kurzen Prüflängen schwierig ist, alle Drehungen mit Sicherheit zu beseitigen, werden auch in der Literatur [1, 28, 35, 37, 38, 95] getroffen. Bei manchen Proben ist ein Aufdrehen infolge anhaftender Unreinigkeiten, Nissen und ungünstiger Faserlage überhaupt nicht möglich. Diese hier als *Fehlwerte* bezeichneten Proben waren in dieser Versuchsreihe mit etwa 10 bis 15% (Stichprobenumfang $N = 200$) vertreten und müssen, was im statistischen Sinne zu beanstanden ist, für die Drehungsprüfung ausgesondert werden. Beim modifizierten Spannungsfühlerverfahren ist dagegen jedes Fadenstück für die Untersuchung geeignet.

Da der praktisch interessierende Drehungswert immer auf 1 Meter bezogen wird, werden die Ablesefehler und subjektiven Fehler — je nach angewendeter Prüflänge — vervielfacht. Es ist von Interesse, welche Größenordnung der Meßfehler (subjektiver Fehler + Ablesefehler) beim Aufdrehverfahren annimmt.

Bei einer Ablesegenauigkeit von $\pm 0{,}1$ Drehung entsteht bei der Drehungsumrechnung von $E = 25$ mm auf 1000 mm ein absoluter Fehler von

$$\Delta T_a = \pm \frac{1000}{25} \cdot \frac{1}{10} = \pm\, 4\,\text{Dreh./m}.$$

Wird der subjektive Fehler, der alle erwähnten Einflußgrößen umfassen soll, mit minimal $\pm$ 0,5 Drehungen angenommen, so ergibt sich nach der Umrechnung in Dreh./m ein Fehler von

$$\Delta T_s = \pm \frac{1000}{25} \cdot 0{,}5 = \pm\ 20\ \text{Dreh./m}.$$

Demnach beträgt der Meßfehler des Aufdrehverfahrens bei 25 mm Einspannlänge

$$\Delta T_M = \pm\ (4 + 20) = \pm\ \underline{24\ \text{Dreh./m}}.$$

Bei 10 mm Einspannlänge ist ein Meßfehler von

$$\Delta T_M = \pm\ (10 + 50) = \pm\ \underline{60\ \text{Dreh./m}}$$

zu erwarten. Die Meßfehler lassen die große Unsicherheit erkennen, die dem Aufdrehverfahren anhaftet.

Bei Bestimmung der Meßfehler wurde vorausgesetzt, daß die Messungen von einer spezialisierten Prüfkraft vorgenommen werden. Weniger geübte Prüfpersonen, wie beispielsweise Beobachter 2, verursachen einen noch größeren Meßfehler, so daß dadurch dem Prüfergebnis kein objektiver Charakter mehr zugesprochen werden kann. Die Unzulänglichkeit des Aufdrehverfahrens zeigt sich auch bei der prozentualen Drehungsabweichung (Tab. 14).

Während beim modifizierten Spannungsfühlerverfahren die Abweichungen im Durchschnitt kleiner als 1% sind, schwanken sie beim Aufdrehverfahren bei Beobachter 1 um den mittleren Wert von 1,77%; maximal beträgt die Abweichung 2,58%.

Tabelle 14.
Prozentuale Drehungsabweichung zwischen T_{tat} und $\overline{T}_A$

Versuch	Drehungsabweichung [%]	
	Beobachter 1	Beobachter 2
V 1/1	0,49	2,74
V 1/2	1,96	5,58
V 1/3	2,34	5,55
V 1/4	2,21	0,67
V 1/5	2,58	1,82
V 1/6	1,21	2,54
V 1/7	1,62	3,65
V 1/8	1,71	5,32

Aus der Gegenüberstellung der Mittelwertabweichungen (Tab. 14) ist ferner zu schließen, daß Beobachter 2 für die Drehungsprüfung nach dem Aufdrehverfahren ungeeignet ist. Um einigermaßen brauchbare Ergebnisse zu erhalten, können bei der Aufdrehmethode nur hochqualifizierte und speziell für die Drehungsprüfung eingearbeitete Prüfpersonen eingesetzt werden. Andernfalls führen die subjektiven Fehler zu systematischen Fehlern und machen das Prüfergebnis wertlos. Im Gegensatz dazu ist das modifizierte Spannungsfühlerverfahren frei von subjektiven Fehlern und kann von jeder Laborantin ausgeführt werden. Hierin liegt der große Vorteil des modifizierten Spannungsfühlerverfahrens, das keine hohe Qualifikation der Prüfenden verlangt und objektive Prüfergebnisse liefert.

Es hat den Anschein, daß bisher das Aufdrehverfahren im Hinblick auf die direkte Drehungsmessung überschätzt wurde, aber zu wenig die Einflüsse beachtet wurden, welche die Reproduzierbarkeit des Verfahrens in Frage stellen. Die Untersuchungen bestätigen, daß es abwegig ist, das Aufdrehverfahren zur Überprüfung anderer Drehungsmeßverfahren — wie eingangs erwähnt — heranzuziehen.

7.4. Drehungsmessungen an gekämmten Baumwoll-Drehungstestgarnen unterschiedlichen Drehungsgrades

Da die Gleitlänge nicht nur von der Garnfeinheit, sondern u. a. auch vom Drehungsgrad abhängig ist, wird die Anwendbarkeit des modifizierten Spannungsfühlerverfahrens für Garne mit unterschiedlichem Drehungsgrad überprüft.

Nach Tab. 15 liegen zur Drehungsuntersuchung insgesamt 9 gekämmte Baumwoll-Drehungstestgarne vor, von denen jeweils 3 Garne eine angenähert konstante

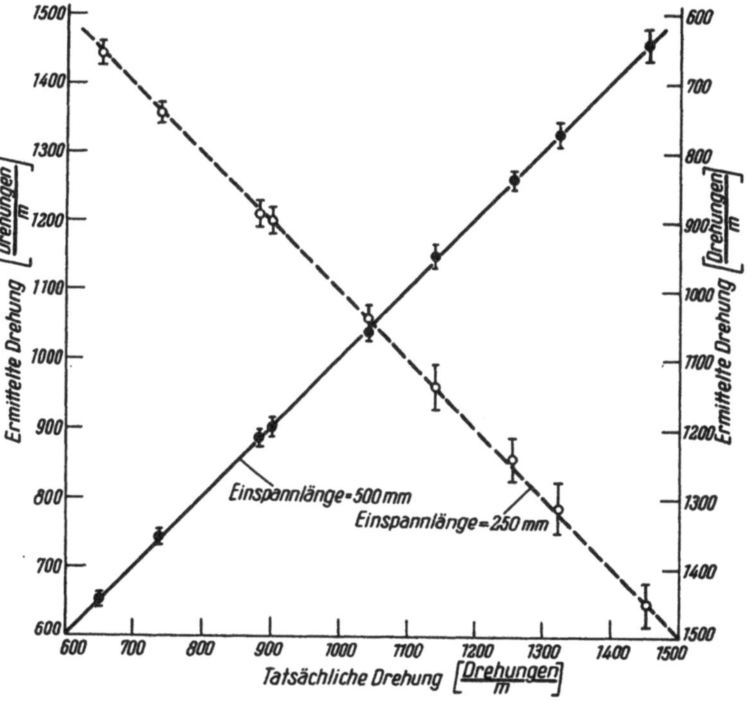

Diagr. 10. Nach dem modifizierten Spannungsfühlerverfahren (E = 500 und 250 mm) festgestellte Drehungsmeßwerte von gekämmten Baumwoll-Drehungstestgarnen mit unterschiedlichem Drehungsgrad

Tabelle 15. Nach dem modifizierten Spannungsfühlerverfahren ($E = 500$ und 250 mm) und dem von gekämmten Baumwoll-Drehungstestgarnen mit unterschiedlichem Drehungsgrad

Versuch	Garnart	Nm_{Ist} [m/g]	αm_{Ist}	T_{tat} [Dreh./m]	Modifiziertes Spannungsfühler- N	P [p]	E [mm]	L [mm]	Δl [mm]	$\overline{T}_S \pm q_S$ [Dreh./m]	$\pm s$ [Dreh./m]	V [%]	t	Abweichung zwischen $\overline{T}_S$ u. T_{tat}
$V2/1$	Baumwollgarn, gekämmt Koked-Bw, 38/40 mm	151,7 [6,4 tex]	93	1141	100	3,5	500	9,8	2,5	1149 ± 17	50	4,4	1,600	nicht gesichert
$V1/2$	Baumwollgarn, gekämmt Koked-Bw, 38/40 mm	153,8 [6,4 tex]	107	1323	100	3,0	500	14,1	3,5	1327 ± 18	53	4,0	0,755	nicht gesichert
$V2/2$	Baumwollgarn, gekämmt Koked-Bw, 38/40 mm	144,9 [6,8 tex]	120	1452	100	3,5	500	15,4	4,0	1455 ± 23	67	4,6	0,448	nicht gesichert
$V2/3$	Baumwollgarn, gekämmt Koked-Bw, 38/40 mm	93,8 [10,5 tex]	93	902	100	5,5	500	10,9	2,5	902 ± 13	38	4,2	0,000	nicht gesichert
$V1/4$	Baumwollgarn, gekämmt Koked-Bw, 38/40 mm	95,6 [10,5 tex]	107	1043	100	5,0	500	16,3	4,0	1040 ± 12	35	3,4	0,857	nicht gesichert
$V2/4$	Baumwollgarn, gekämmt Koked-Bw, 38/40 mm	91,9 [11 tex]	131	1256	100	5,5	500	21,3	5,5	1261 ± 14	40	3,2	1,250	nicht gesichert
$V2/5$	Baumwollgarn, gekämmt Koked-Bw, 38/40 mm	47,6 [21 tex]	94	651	100	10,5	500	13,2	3,0	653 ± 8	25	3,8	0,800	nicht gesichert
$V1/7$	Baumwollgarn, gekämmt Koked-Bw, 38/40 mm	46,0 [22 tex]	109	739	100	11,0	500	18,0	4,5	744 ± 9	27	3,6	1,852	nicht gesichert
$V2/6$	Baumwollgarn, gekämmt Koked-Bw, 38/40 mm	45,4 [22 tex]	131	884	100	11,0	500	24,7	6,0	886 ± 11	33	3,7	0,606	nicht gesichert

Aufdrehverfahren (E = 25 mm) festgestellte Drehungsmeßwerte

verfahren								Aufdrehverfahren									
E [mm]	L [mm]	Δl [mm]	$\overline{T}_{S'} \pm q_{S'}$ [Dreh./m]	$\pm s$ [Dreh./m]	V [%]	t	Abweichung zwischen $\overline{T}_{S'}$ u. T_{tat}	N	P [p]	E [mm]	$\Delta l'$ [mm]	$\overline{T}_A \pm q_A$ [Dreh./m]	$\pm s$ [Dreh./m]	V [%]	t	Abweichung zwischen $\overline{T}_A$ u. T_{tat}	Fehlwerte
250	5,0	1,0	1139 ± 32	93	8,2	0,215	nicht gesichert	200	3,5	25	1,0	1156 ± 62	262	22,7	0,810	nicht gesichert	18
250	7,3	2,0	1314 ± 37	109	8,3	0,826	nicht gesichert	200	3,0	25	1,0	1349 ± 76	321	23,8	1,145	nicht gesichert	14
250	8,0	2,0	1452 ± 32	96	6,6	0,000	nicht gesichert	200	3,5	25	1,0	1410 ± 70	296	21,0	2,007	noch nicht gesichert	13
250	5,5	1,5	900 ± 19	56	6,2	0,357	nicht gesichert	200	5,5	25	1,0	928 ± 37	158	17,0	2,327	noch nicht gesichert	8
250	8,1	2,0	1042 ± 21	63	6,0	0,159	nicht gesichert	200	5,0	25	1,0	1066 ± 38	159	14,9	2,046	noch nicht gesichert	11
250	10,6	2,5	1244 ± 30	88	7,1	1,364	nicht gesichert	200	5,5	25	1,0	1259 ± 53	225	17,9	0,189	nicht gesichert	7
250	6,2	1,5	657 ± 16	48	7,3	1,250	nicht gesichert	200	10,5	25	1,0	683 ± 20	83	12,2	5,452	gesichert	3
250	8,7	2,0	743 ± 14	41	5,5	0,976	nicht gesichert	200	11,0	25	1,0	751 ± 26	110	14,6	1,543	nicht gesichert	9
250	12,3	3,0	889 ± 17	51	5,7	0,980	nicht gesichert	200	11,0	25	1,0	879 ± 28	121	13,8	0,584	nicht gesichert	10

Garnfeinheit haben, aber mit verschiedenen Drehungsgraden (etwa α_m 93, 107 und 130) ausgesponnen wurden. Die Garnfeinheitsschwankungen innerhalb jeder Dreiergruppe sind auf die größere Einspinnung bei höherem Drehungsgrad zurückzuführen.

Die Drehungsuntersuchungen wurden nach dem modifizierten Spannungsfühlerverfahren bei 500 und 250 mm Einspannlänge und zum Vergleich auch nach dem Aufdrehverfahren bei 25 mm Einspannlänge vorgenommen. Wie aus den Versuchsergebnissen (Tab. 15 und Diagr. 10) hervorgeht, wird beim Spannungsfühlerverfahren infolge Einführung der 1/4-Gleitlänge auch der Einfluß des Drehungsgrades einwandfrei ausgeschaltet. Mit ansteigendem Drehungsgrad — konstante Garnfeinheit vorausgesetzt — vergrößert sich die für das modifizierte Spannungsfühlerverfahren erforderliche Zeigerausschlaglänge. Da jedoch mit steigender Drehung die Reibungskräfte und der Einspinnungsgrad größer werden, sind bei der Prüfung Fehlverzüge auf Grund der größeren Zeigerausschlaglänge nicht zu befürchten.

Tabelle 16. Nach dem modifizierten Spannungsfühlerverfahren (E = 500 und 250 mm) von kardierten Baumwoll-Drehungstestgarnen

Versuch	Garnart	Nm_{Ist} [m/g]	$\alpha_{m\,Ist}$	T_{tat} [Dreh./m]	Modifiziertes Spannungsfühler- N	P [p]	E [mm]	L [mm]	Δl [mm]	$\bar{T}_S \pm q_S$ [Dreh./m]	$\pm s$ [Dreh./m]	V [%]	t	Abweichung zwischen $\bar{T}_S$ u. T_{tat}
V3/1	Baumwollgarn, kardiert SU-Bw, Sorte 1CA	19,7 [50 tex]	136	606	100	25,5	500	24,7	6,0	604 ± 7	22	3,6	0,909	nicht gesichert
V3/2	Baumwollgarn, kardiert SU-Bw. Sorte 1HA, 2HA	33,5 [30 tex]	133	771	100	15,0	500	20,4	5,0	768 ± 9	25	3,3	1,200	nicht gesichert
V3/3	Baumwollgarn, kardiert SU-Bw, Sorte 1CN, 1HN, 1HA; 31/33 mm	47,1 [21 tex]	134	920	100	10,5	500	18,5	4,5	925 ± 12	35	3,8	1,429	nicht gesichert
V3/4	Baumwollgarn, kardiert SU-Bw, Sorte 1CN, 1HN, 1HA; 31/33 mm	56,1 [18 tex]	128	958	100	9,0	500	16,8	4,0	954 ± 15	45	4,7	0,889	nicht gesichert
V3/5	Baumwollgarn, kardiert SU-Bw, Sorte 1CN, 1HN, 1HA; 31/33 mm	67,3 [15 tex]	123	1012	100	7,5	500	13,9	3,5	1012 ± 17	51	5,0	0,000	nicht gesichert

Zwischen den Werten der tatsächlichen und der gemessenen Drehung (Tab. 15) herrscht eine vorzügliche Übereinstimmung. Die Unterschiede zwischen T_{tat} und $\overline{T}_S$ sind statistisch nicht gesichert; sie unterliegen einer Zufallsverteilung. Die tatsächliche Drehung liegt immer im Vertrauensbereich der praktischen Drehungszahl, sowohl bei 500 mm als auch bei 250 mm Prüflänge (Diagr. 10). Die Drehungsmittelwerte $\overline{T}_S$ weichen willkürlich nach oben und unten mit nur geringer Differenz von T_{tat} ab. Dagegen liefert das Aufdrehverfahren wiederum weniger aussagekräftige Ergebnisse. Der Variationskoeffizient und die mittlere quadratische Abweichung spiegeln den Vorteil der großen Prüflänge beim modifizierten Spannungsfühlerverfahren wider. Bei 500 mm Einspannlänge schwankt der Variationskoeffizient zwischen 3,2 und 4,6% und bei 250 mm Einspannlänge zwischen 5,7 und 8,3%. Beim Aufdrehverfahren ergeben sich Variationskoeffizienten von 12,2 bis 23,8%. Dieser erhebliche Unterschied drückt sich auch in der Weite der Toleranzgrenzen aus.

und dem Aufdrehverfahren (E = 25 mm) festgestellte Drehungsmeßwerte

verfahren								Aufdrehverfahren									
E [mm]	L [mm]	Δl [mm]	$\overline{T}_{S'} \pm q_{S'}$ [Dreh./m]	$\pm s$ [Dreh./m]	V [%]	t	Abweichung zwischen $\overline{T}_{S'}$ u. T_{tat}	N	P [p]	L [mm]	$\Delta l'$ [mm]	$\overline{T}_A \pm q_A$ [Dreh./m]	$\pm s$ [Dreh./m]	V [%]	t	Abweichung zwischen $\overline{T}_A$ u. T_{tat}	Fehlwerte
250	12,3	3,0	608 ± 12	34	5,6	0,588	nicht gesichert	200	25,5	25	2,0	614 ± 22	92	15,0	1,230	nicht gesichert	37
250	10,0	2,5	769 ± 16	46	6,0	0,435	nicht gesichert	200	15,0	25	2,0	778 ± 32	134	17,2	0,739	nicht gesichert	71
250	9,8	2,5	918 ± 21	61	6,6	0,328	nicht gesichert	200	10,5	25	2,0	912 ± 39	166	18,2	0,682	nicht gesichert	61
250	8,9	2,0	956 ± 22	66	6,9	0,303	nicht gesichert	200	9,0	25	1,5	934 ± 39	166	17,8	2,045	noch nicht gesichert	79
250	7,8	2,0	1018 ± 29	84	8,3	0,714	nicht gesichert	200	7,5	25	1,5	997 ± 55	234	23,5	0,907	nicht gesichert	60

Bei der prozentualen Mittelwertabweichung gibt das modifizierte Spannungsfühlerverfahren die Drehung mit einer Ungenauigkeit unter 1% wieder:

$$E = 500\ \text{mm} \quad \Delta T_A = 0{,}00 \text{ bis } 0{,}70\%$$
$$E = 250\ \text{mm} \quad \Delta T_A = 0{,}00 \text{ bis } 0{,}96\%$$

Die Ungenauigkeit des Aufdrehverfahrens schwankt zwischen 0,24 und 4,91%.

7.5. Drehungsmessungen an kardierten Baumwoll-Drehungstestgarnen

In dieser Versuchsreihe (Tab. 16) soll festgestellt werden, wie weit sich bei kardierten Baumwollgarnen kurze Fasern, Nissen und sonstige Verunreinigungen auf das Prüfverfahren und -ergebnis auswirken. Zu diesem Zweck wurden 5 kardierte Drehungstestgarne nach den technischen Angaben der Praxis hergestellt und hinsichtlich ihrer Drehung analysiert.

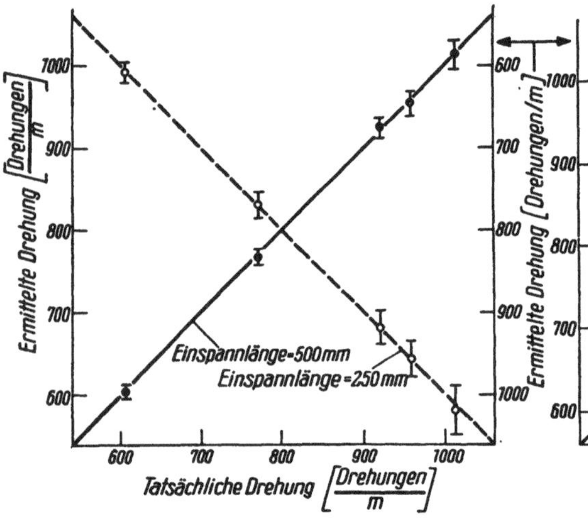

Diagr. 11. Nach dem modifizierten Spannungsfühlerverfahren ($E = 500$ und 250 mm) festgestellte Drehungsmeßwerte von kardierten Baumwoll-Drehungstestgarnen

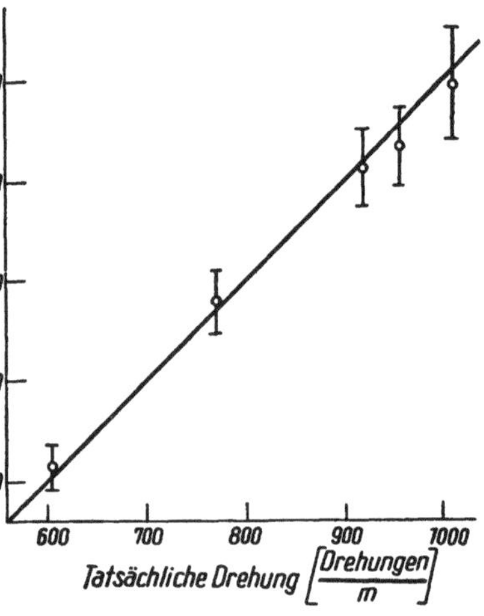

Diagr. 12. Nach dem Aufdrehverfahren ($E = 25$ mm) festgestellte Drehungsmeßwerte von kardierten Baumwoll-Drehungstestgarnen

Nach den Ergebnissen (Tab. 16 und Diagr. 11) zu schließen, üben Verunreinigungen und Kurzfasern keinen Einfluß auf die nach dem modifizierten Spannungsfühlerverfahren reproduzierte Drehung aus. Naturgemäß sind kardierte Garne ungleichmäßiger als gekämmte, so daß auch die Drehungsungleichmäßigkeit ansteigt und die aus der Drehungsverteilung abgeleiteten statistischen Kennziffern einen ungünstigeren Wert annehmen. Nach den festgestellten Mittelwertgenauigkeiten ist jedoch eine Stichprobenvergrößerung auf $N > 100$ nicht notwendig.

Die mit dem modifizierten Spannungsfühlerverfahren ermittelten Drehungswerte unterliegen wiederum einer statistisch zufälligen Verteilung. Das gilt erstmalig auch für die beim Aufdrehverfahren gefundenen Mittelwerte. Auffallend ist jedoch die große Zahl der Fehlwerte, die bei kardierten Garnen auf 20 bis 40% ansteigen, während beim modifizierten Spannungsfühlerverfahren an jedem eingespannten Fadenstück die Drehung bestimmt werden konnte. Beim Aufdrehverfahren ließen von 200 Prüflingen durchschnittlich 30% infolge Vernissung, Faserzusammenballungen usw. keine einwandfreie Drallauflösung zu und mußten aus der Untersuchung herausgenommen werden. Abgesehen von dem dadurch verursachten größeren Zeitaufwand stammen die Ergebnisse infolge der Fehlwertaussonderung nicht aus einer *repräsentativen* Stichprobenauswahl. Damit verletzt das Aufdrehverfahren eine sehr wichtige Grundforderung.

Beide Verfahren heben sich aber sehr stark hinsichtlich der Genauigkeit der Drehungsmessung voneinander ab. Die aussagekräftigeren Ergebnisse liefert zweifellos das modifizierte Spannungsfühlerverfahren (Diagr. 11 und 12). Die Vertrauensbereiche der Drehungsmittelwerte vom Aufdrehverfahren sind etwa dreimal so groß wie die des modifizierten Spannungsfühlerverfahrens ($E = 500$ mm). Der Unterschied der Variationskoeffizienten (Tab. 16) beträgt mehr als das Vierfache.

Die prozentualen Mittelwertabweichungen betragen:

	Abweichung des Mittelwertes ΔT_A [%]
Modifiziertes Spannungsfühlerverfahren	
500 mm Einspannlänge	0,00 bis 0,54
250 mm Einspannlänge	0,21 bis 0,59
Aufdrehverfahren	0,87 bis 2,51

Mit Hilfe des modifizierten Spannungsfühlerverfahrens wird auch bei kardierten Baumwollgarnen die mittlere Drehung mit einer Abweichung von weniger als 1% festgestellt.

7.6. Drehungsmessungen an Drehungstestgarnen aus unterschiedlichen Faserstoffen

Wie bereits gezeigt wurde, spricht die Gleitlänge nicht nur auf Garnfeinheit und Drehungsgrad, sondern auch auf Aufbau, Struktur, Eigenschaften usw. der Garne an. Um diese Einflüsse hinsichtlich der Anwendbarkeit des modifizierten Spannungsfühlerverfahrens zu untersuchen, wurden in der Praxis übliche, nach dem Baumwollspinnverfahren hergestellte Baumwollmischgarne und Viskosefasergarne in das Versuchsprogramm einbezogen. Entsprechende Drehungstestgarne bestehen aus Viskosefasern, aus Mischungen von Viskosefasern und Baumwolle bzw. Dederon-Fasern sowie aus Mischungen von Dederon-Fasern und Baumwolle, wobei diese Faserstoffe in unterschiedlicher Qualität (Stapel bzw. Schnittlänge, Titer usw.; genaue Zusammensetzung und Merkmale siehe Tab. 17 unter *Garnart*) verwendet werden.

Tabelle 17. Nach dem modifizierten Spannungsfühlerverfahren ($E = 500$ und 250 mm) und dem von Drehungstestgarnen aus unterschiedlichen Faserstoffen

Versuch	Garnart	Nm_{Ist} [m/g]	$\alpha_{m Ist}$	T_{tat} [Dreh./m]	Modifiziertes Spannungsfühler- N	P [p]	E [mm]	L [mm]	Δl [mm]	$\bar{T}_S \pm q_S$ [Dreh./m]	$\pm s$ [Dreh./m]	V [%]	t	Abweichung zwischen $\bar{T}_S$ u. T_{tat}
$V4/1$	Viskosefasergarn 100% Plavia Visk., 1,2 den, 40 mm	55,8 [18 tex]	114	851	100	9,0	500	16,5	4,0	844 ± 10	31	3,8	2,258	noch nicht gesichert
$V4/2$	Viskosefasergarn 100% Visk., Qual. schwarz	73,4 [14 tex]	109	929	100	7,0	500	13,3	3,5	919 ± 13	39	4,2	2,564	noch nicht gesichert
$V4/3$	Viskosefasergarn 100% Vistra Visk., WSB glzd., 1,2 den, 40 mm	36,2 [28 tex]	111	667	100	14,0	500	17,7	4,5	664 ± 9	28	4,2	1,071	nicht gesichert
$V4/4$	Baumwollmischgarn 33% Dederon B, 34/36 mm, 1,4–1,6 den, 67% Karnak-Bw, 38/40 mm	77,0 [13 tex]	97	855	100	6,5	500	15,1	4,0	857 ± 14	42	4,9	0,476	nicht gesichert
$V4/5$	Baumwollmischgarn 16% Dederon/B, 28/30 mm, 1,6–1,8 den, 84% SU-Bw, 1CN, 1HN, 1HA, 31/33 mm	44,3 [23 tex]	102	679	100	11,0	500	13,7	3,5	682 ± 10	30	4,4	1,000	nicht gesichert
V4/6	Baumwollmischgarn 16% Visk., 84% Baumw. 1CA	36,1 [28 tex]	132	793	100	14,0	500	5	5,5	797 ± 11	34	4,3	1,176	nicht gesichert
$V4/7$	Viskosefasermischgarn 25% Dederon 75% Viskosef.	45,2 [22 tex]	90	607	100	11,0	500	10,2	2,5	612 ± 13	38	6,2	1,316	nicht gesichert
$V4/8$	Viskosefasermischgarn 33% Dederon, 67% Viskosef.	30,1 [34 tex]	91	499	100	16,5	500	12,8	3,0	499 ± 9	27	5,4	0,000	nicht gesichert
$V4/9$	Baumwollmischgarn 33% Dederon, 67% Baumw.	85,4 [12 tex]	110	1020	100	6,0	500	18,6	4,5	1022 ± 16	47	4,6	0,426	nicht gesichert

Aufdrehverfahren (E = 25 mm) festgestellte Drehungsmeßwerte

verfahren								Aufdrehverfahen									
E [mm]	L [mm]	Δl [mm]	$\bar{T}_{S'} \pm q_{S'}$ [Dreh./m]	$\pm s$ [Dreh./m]	V [%]	t	Ab-weichung zwischen $\bar{T}_{S'}$ u. T_{tat}	N	P [p]	E [mm]	$\Delta l'$ [mm]	$\bar{T}_A \pm q_A$ [Dreh./m]	$\pm s$ [Dreh./m]	V [%]	t	Ab-weichung zwischen $\bar{T}_A$ u. T_{tat}	Fehlwerte
250	7,9	2,0	845 ± 19	55	6,5	1,091	nicht gesichert	200	9,0	25	1,5	845 ± 30	127	15,0	0,668	nicht gesichert	54
250	6,6	1,5	932 ± 21	62	6,7	0,484	nicht gesichert	200	7,0	25	1,5	926 ± 30	125	13,5	0,339	nicht gesichert	63
250	8,5	2,0	663 ± 15	43	6,5	0,930	nicht gesichert	200	14,0	25	1,5	686 ± 22	92	13,4	2,921	gesichert	36
250	7,5	2,0	857 ± 25	73	8,5	0,274	nicht gesichert	200	6,5	25	1,5	850 ± 38	159	18,7	0,445	nicht gesichert	51
250	6,7	1,5	678 ± 17	49	7,2	0,204	nicht gesichert	200	11,0	25	1,5	685 ± 24	102	14,9	0,832	nicht geischert	63
250	10,9	2,5	795 ± 16	47	5,9	0,426	nicht gesichert	200	14,0	25	1,5	796 ± 27	114	14,3	0,372	nicht gesichert	60
250	5,1	1,5	603 ± 17	51	8,5	0,784	nicht gesichert	200	11,0	25	1,5	646 ± 22	93	14,4	5,931	nicht gesichert	50
250	6,0	1,5	499 ± 15	43	8,6	0,000	nicht gesichert	200	16,5	25	1,5	546 ± 15	62	11,4	10,721	gesichert	56
250	8,6	2,0	1028 ± 24	71	6,9	1,127	nicht gesichert	200	6,0	25	1,5	1018 ± 35	147	14,4	0,192	nicht gesichert	71

Wie bei den vorhergehenden Versuchsreihen führt auch hier das modifizierte Spannungsfühlerverfahren zu Ergebnissen, die genauer sind und weniger Streuung aufweisen als diejenigen des Aufdrehverfahrens (Tab. 17 und Diagr. 13 und 14). Die für jedes Garn festzustellende 1/4-Gleitlänge kompensiert auch den Struktureinfluß. Die veränderliche Gleitlänge ermöglicht es, auch Mischgarne, gleich welcher Zusammensetzung, nach dem entwickelten modifizierten Spannungsfühlerverfahren auf Drehung zu prüfen.

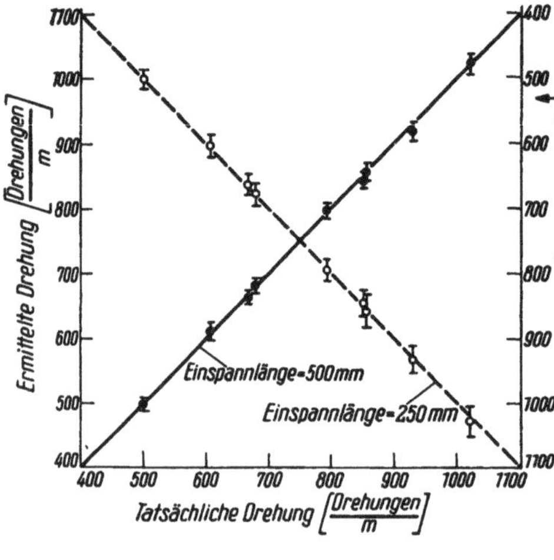

Diagr. 13. Nach dem modifizierten Spannungsfühlerverfahren ($E = 500$ und 250 mm) festgestellte Drehungsmeßwerte von Drehungstestgarnen aus unterschiedlichen Faserstoffen

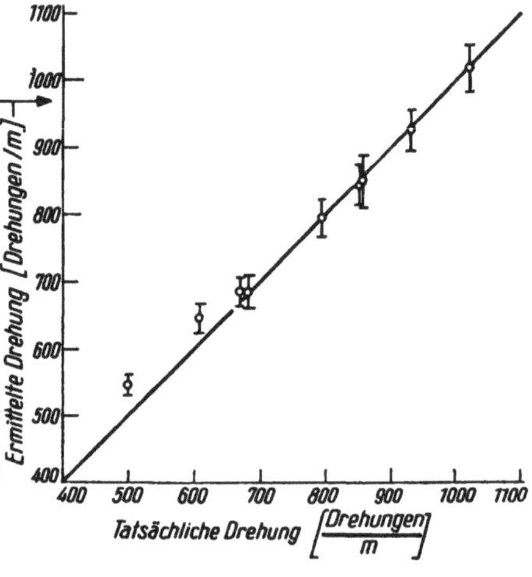

Diagr. 14. Nach dem Aufdrehverfahren ($E = 25$ mm) festgestellte Drehungsmeßwerte von Drehungstestgarnen aus unterschiedlichen Faserstoffen

Die Vertrauensbereiche aller nach dem modifizierten Spannungsfühlerverfahren festgestellten Werte werden von den Geraden (Diagr. 13) geschnitten. Beim Aufdrehverfahren ist das bei zwei Werten (Diagr. 14) infolge des dargelegten Verfahrensfehlers nicht der Fall. Die prozentuale Mittelwertabweichung beträgt nach dem modifizierten Spannungsfühlerverfahren weniger als 1%, während beim Aufdrehverfahren Abweichungen von über 9% auftreten. Die Streuung der Drehungswerte ist infolge der besseren Garngleichmäßigkeit im Vergleich zu den reinen Baumwollgarnen geringer, so daß die nach beiden Drehungsprüfverfahren ermittelten Ergebnisse günstigere Vertrauensbereiche sowie mittlere quadratische Abweichungen und Variationskoeffizienten aufweisen. Aus den bei 250 mm Einspannlänge nach dem modifizierten Spannungsfühlerverfahren ermittelten Drehungswerten zu schließen, dürften sich bei Wiederholung der Drehungsversuche an den Garnen $V4/1$ und $V4/2$ ($E = 500$ mm) ebenfalls statistisch nicht gesicherte Unterschiede ergeben.

Beim Aufdrehverfahren steigen bei diesen Versuchsgarnen die Fehlwerte auf etwa 20 bis 35% an. Die Mischgarne und auch die Viskosefasergarne neigten während der Drallauflösung infolge des Durchziehens der Nadel durch den Faserverband besonders stark zu Faseranhäufungen.

7.7. Drehungsmessungen an Drehungstest-Streichgarnen

Aus den in der Industrie gebräuchlichen Nitschelgarnen wurden auf der Streichgarn-Ringspinnmaschine Drehungstestgarne hergestellt und deren Garndrehung nach dem modifizierten Spannungsfühlerverfahren (250 mm Einspannlänge) und nach dem Aufdrehverfahren (50 mm Einspannlänge) gemessen (Tab. 18 und Diagr. 15 und 16).

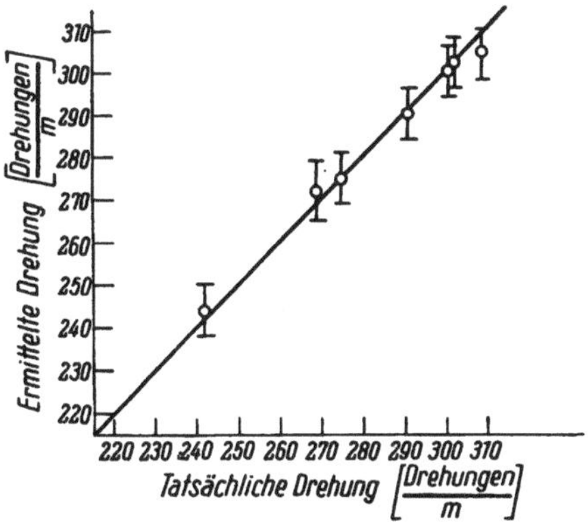

Diagr. 15. Nach dem modifizierten Spannungsfühlerverfahren ($E = 250$ mm) festgestellte Drehungsmeßwerte von Drehungstest-Streichgarnen

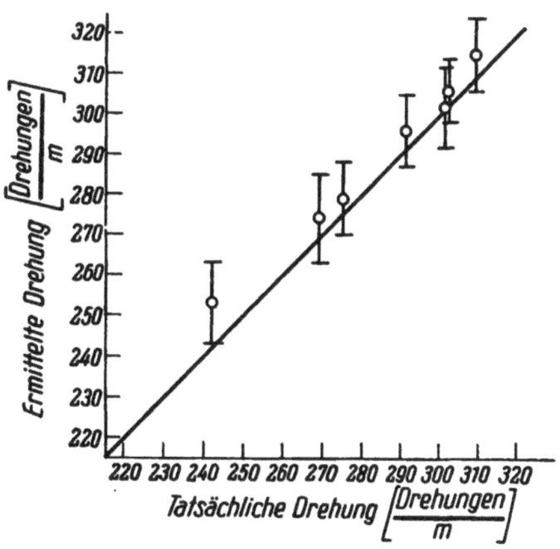

Diagr. 16. Nach dem Aufdrehverfahren ($E = 50$ mm) festgestellte Drehungsmeßwerte von Drehungstest-Streichgarnen

Wie schon erwähnt, besteht zwischen den Garneigenschaften und der Garnstruktur sowie der Gleitlänge eine innige Beziehung. Es ist daher von besonderem Interesse, mit welcher Genauigkeit das modifizierte Spannungsfühlerverfahren die tatsächliche Drehung in Streichgarnen wiedergibt. Für diese Untersuchungen wurden Streichgarne mit sehr unterschiedlichem Garncharakter aus Wolle, Angorawolle und Viskosefasern sowie aus Mischungen dieser Faserstoffe verwendet. Der Einfluß der Garnstruktur und des niedrigen Drehungsgrades ist nach Tab. 18 durch die im Vergleich zu den Baumwollgarnen kleiner ausfallende Gleitlänge L bzw. Δl gekennzeichnet. Die Drehungsgenauigkeit und Reproduzierbarkeit des modifizierten Spannungsfühlerverfahrens bleibt aber erhalten, wenn die nach der zulässigen Längenänderung von 0,5% festgelegte Vorspannkraft für Streichgarne eingehalten wird.

Diese Untersuchungen zeigen, daß auch bei Drehungsprüfungen von Streichgarnen das modifizierte Spannungsfühlerverfahren bei 250 mm Einspannlänge

Tabelle 18. Nach dem modifizierten Spannungsfühlerverfahren ($E = 250$ mm) und dem Aufdreh-

Versuch	Garnart	Nm_{Ist} [m/g]	αm_{Ist}	T_{tat} [Dreh./m]	Modifiziertes Spannungsfühler- N	P [p]	E [mm]	L [mm]	Δl [mm]	$\bar{T}_{S'} \pm q_{S'}$ [Dreh./m]
V 5/1	Wollstreichgarn 25% Visk. glzd., 25% Visk. matt, 50% Wolle C–C/D (rohweiß)	8,9 [110 tex]	81	242	100	28,0	250	5,3	1,5	244 ± 6
V 5/2	Angorastreichgarn 20% Visk., 30% Wolle, 50% Angorawolle (rohweiß)	10,1 [100 tex]	85	269	100	25,0	250	4,2	1,0	272 ± 7
V 5/3	Angorastreichgarn 10% Visk., 90% Angorawolle (rohweiß)	10,6 [96 tex]	84	275	100	23,5	250	4,5	1,0	275 ± 6
V 5/4	Wollstreichgarn 32% Visk., 19% Visk.-Abg., 18% Reißw., 31% Wolle C–C/D (graumel.)	9,6 [105 tex]	94	291	100	26,0	250	6,5	1,5	290 ± 6
V 5/5	Viskosefaserstreichgarn 6% Dederon, 32% Visk.-Abg., 20% Mischg., 42% Visk. matt (rohbunt)	10,5 [96 tex]	93	301	100	24,0	250	4,9	1,0	300 ± 6
V 5/6	Viskosefaserstreichgarn 45% Visk., 20% Visk.-Abg., 35% Reißspinnstoffe (rohweiß)	12,3 [80 tex]	86	302	100	20,5	250	5,3	1,5	302 ± 6
V 5/7	Viskosefaserstreichgarn 45% Visk., 55% Reißspinnst. (rohbunt)	11,1 [92 tex]	93	309	100	22.5	250	7,8	2,0	304 ± 6

dem Aufdrehverfahren vorzuziehen ist. Die Variationskoeffizienten der nach beiden Verfahren festgestellten Werte unterscheiden sich um etwa 100%. Auch die Werte der mittleren quadratischen Abweichungen sind beim modifizierten Spannungsfühlerverfahren günstiger. Auf Grund der relativ wenigen Drehungen der Streichgarne fallen auch die Vertrauensbereiche sehr eng aus.

Da Streichgarne infolge des hohen Prozentsatzes an kurzen und verschiedenartigen Fasern besonders stark zum *Filzen* (Verwirren) neigen, ist die Versuchsdurchführung nach dem Aufdrehverfahren mitunter sehr erschwert bzw. unmöglich. Das zeigt sich in den Fehlwerten, die bei den Streichgarnen zwischen 2,5 und 30% schwanken. Besonders groß ist die Gefahr, daß die Prüfperson die Zahl der Drehungen nur überschläglich bestimmt und damit ein noch größerer subjektiver Fehler begangen wird.

verfahren ($E = 50$ mm) festgestellte Drehungsmeßwerte von Drehungstest-Streichgarnen

verfahren				Aufdrehverfahren									
$\pm s$ [Dreh./m]	V [%]	t	Abweichung zwischen $\overline{T}_{S'}$ u. T_{tat}	N	P [p]	E [mm]	$\Delta l'$ [mm]	$\overline{T}_A \pm q_A$ [Dreh./m]	$\pm s$ [Dreh./m]	V [%]	t	Abweichung zwischen $\overline{T}_A$ u. T_{tat}	Fehlwerte
18	7,4	1,111	nicht gesichert	200	28,0	50	2,0	253 ± 10	44	17,4	3,536	gesichert	5
21	7,7	1,429	nicht gesichert	200	25,0	50	2,0	274 ± 11	47	17,2	1,504	nicht gesichert	16
18	6,5	0,000	nicht gesichert	200	23,5	50	2,0	279 ± 9	37	13,3	1,529	nicht gesichert	22
17	5,9	0,588	nicht gesichert	200	26,0	50	2,0	296 ± 9	40	13,5	1,768	nicht gesichert	7
19	6,3	0,526	nicht gesichert	200	24,0	50	2,0	302 ± 10	44	14,6	0,321	nicht gesichert	42
17	5,6	0,000	nicht gesichert	200	20,5	50	1,5	306 ± 8	35	11,4	1,616	nicht gesichert	58
20	6,6	2,500	noch nicht gesichert	200	22,5	50	2,0	315 ± 9	39	12,4	2,176	noch nicht gesichert	37

Da aus den verfügbaren Vorgarnen nur grobe Feingarne ausgesponnen werden konnten (bis etwa *Nm* 12 [84 tex]), ließen sich die Drehungen mit Hilfe der Nadel noch verhältnismäßig leicht feststellen. Bei Streichgarnen *Nm* 20 bis 30 [50 bis 34 tex] ist anzunehmen, daß bei Anwendung des Aufdrehverfahrens die Drehungen nur noch abgeschätzt und als Orientierungswert angegeben werden können. Dagegen verursacht die Drehungsmessung nach dem modifizierten Spannungsfühlerverfahren auch bei Streichgarnen keinerlei Schwierigkeiten. Man konnte feststellen, daß selbst stark *verfilzte* Streichgarne die Drehungsreproduktion nicht behinderten. Die verwendeten Streichgarne waren größtenteils zur Verbesserung der Spinnbedingungen geschmälzt, was jedoch für die Drehungsbestimmung nicht nachteilig war, wie aus den Werten in Tab. 18 zu ersehen ist.

Die prozentuale Mittelwertabweichung ist selbst bei einer Einspannlänge von 250 mm als sehr gering anzusehen und liegt wiederum günstiger als beim Aufdrehverfahren. Im Durchschnitt beträgt die Mittelwertabweichung der 7 geprüften Streichgarne beim modifizierten Spannungsfühlerverfahren nur 0,60%, beim Aufdrehverfahren aber 1,88%. Bei 500 mm Einspannlänge würden sich beim modifizierten Spannungsfühlerverfahren zweifellos noch günstigere Ergebnisse einstellen.

Es ist festzustellen, daß sich das modifizierte Spannungsfühlerverfahren auch für die Drehungsprüfung von Streichgarnen, unabhängig von deren Faserstoffzusammensetzung, vorzüglich eignet und dem Aufdrehverfahren in jeder Hinsicht, selbst unter Anwendung von nur 250 mm Prüflänge, überlegen ist.

7.8. Drehungsmessungen an Drehungstest-Kammgarnen

Es wurden der Praxis entsprechende Drehungstest-Kammgarne aus Wolle, Viskosefaser/Wolle in verschiedenen Mischungsverhältnissen und aus Viskosefasern hergestellt (Tab. 19).

Tabelle 19. Nach dem modifizierten Spannungsfühlerverfahren ($E = 250$ mm) und dem Auf-

Versuch	Garnart	Nm_{Ist} [m/g]	αm_{Ist}	T_{tat} [Dreh./m]	Modifiziertes Spannungsfühler- N	P [p]	E [mm]	L [mm]	Δl [mm]	$\overline{T}_{S'} \pm q_{S'}$ [Dreh./m]
V 6/1	Kammgarn 100% Wolle Deutsche A (dunkelgrau)	42,2 [24 tex]	78	509	100	6,0	250	4,2	1,0	506 ± 26
V 6/2	Kammgarn 100% Wolle Austral A/B (rohweiß)	35,1 [28 tex]	75	447	100	7,0	250	4,7	1,0	444 ± 19
V 6/3	Kammgarn 100% Wolle Austral A/B (rohweiß)	28,2 [36 tex]	78	414	100	9,0	250	4,9	1,0	418 ± 16
V 6/4	Kammgarn 30% Visk., 70% Wolle Aust. A/B (marine)	36,5 [28 tex]	74	447	100	7,0	250	4,4	1,0	449 ± 20
V 6/5	Kammgarn 50% Visk., 50% Wolle Deutsche A/B (graubunt)	42,6 [23 tex]	86	560	100	6,0	250	5,1	1,5	553 ± 21
V 6/6	Viskosefaserkammgarn 100% Viskosef. (rohweiß)	32,0 [32 tex]	84	473	100	8,0	250	4,7	1,0	466 ± 15
V 6/7	Viskosefaserkammgarn 100% Viskosef. (grau)	20,0 [50 tex]	76	340	100	12,5	250	3,9	1,0	339 ± 15

Alle nach dem modifizierten Spannungsfühlerverfahren festgestellten Meßwerte ergeben statistisch nicht gesicherte Unterschiede. Die tatsächlichen Drehungen werden von den Vertrauensbereichen der ermittelten Drehungen überdeckt (Diagr. 17). Die ungewöhnlich hohen statistischen Kennwerte (V, s, p) sind auf Unzulänglichkeiten des Klemmstreckwerkes der verwendeten Kammgarn-Ringspinnmaschine zurückzuführen. Infolge ungenügender Faserführung tritt eine höhere Garn- und Drehungsungleichmäßigkeit ein. Trotz des *technischen* Mangels ist aber festzustellen, daß die nach dem modifizierten Spannungsfühlerverfahren ermittelten Drehungswerte mit den tatsächlichen Drehungen im Garn besser übereinstimmen als die nach dem Aufdrehverfahren gefundenen. Auf Grund der statistischen Zufallsverteilung steht die Reproduzierbarkeit der Ergebnisse des modifizierten Spannungsfühlerverfahrens auch für Kammgarne außer Zweifel. Bei den nach dem modifizierten Spannungsfühlerverfahren geprüften Kammgarnen beträgt die prozentuale Mittelwertabweichung durchschnittlich 0,81%, beim Aufdrehverfahren 2,59%.

drehverfahren ($E = 50$ mm) festgestellte Drehungsmeßwerte von Drehungstest-Kammgarnen

verfahren				Aufdrehverfahren									
$\pm s$ [Dreh./m]	V [%]	t	Abweichung zwischen $\overline{T}_{S'}$ u. T_{tat}	N	P [p]	E [mm]	$\Delta l'$ [mm]	$\overline{T}_A \pm q_A$ [Dreh./m]	$\pm s$ [Dreh./m]	V [%]	t	Abweichung zwischen $\overline{T}_A$ u. T_{tat}	Fehlwerte
77	15,2	0,390	nicht gesichert	200	6,0	50	1,5	512 ± 35	150	29,3	0,283	nicht gesichert	61
56	12,6	0,536	nicht gesichert	200	7,0	50	1,0	462 ± 26	110	23,8	1,928	nicht gesichert	45
47	11,2	0,851	nicht gesichert	200	9,0	50	1,5	431 ± 29	122	28,3	1,971	nicht gesichert	46
58	12,9	0,345	nicht gesichert	200	7,0	50	1,5	463 ± 27	116	25,1	1,951	nicht gesichert	28
62	11,2	1,129	nicht gesichert	200	6,0	50	1,5	566 ± 34	142	25,1	0,598	nicht gesichert	58
44	9,4	1,591	nicht gesichert	200	8,0	50	1,5	475 ± 19	80	16,8	0,354	nicht gesichert	59
43	12,7	0,233	nicht gesichert	200	12,5	50	1,5	357 ± 13	55	15,4	4,371	gesichert	41

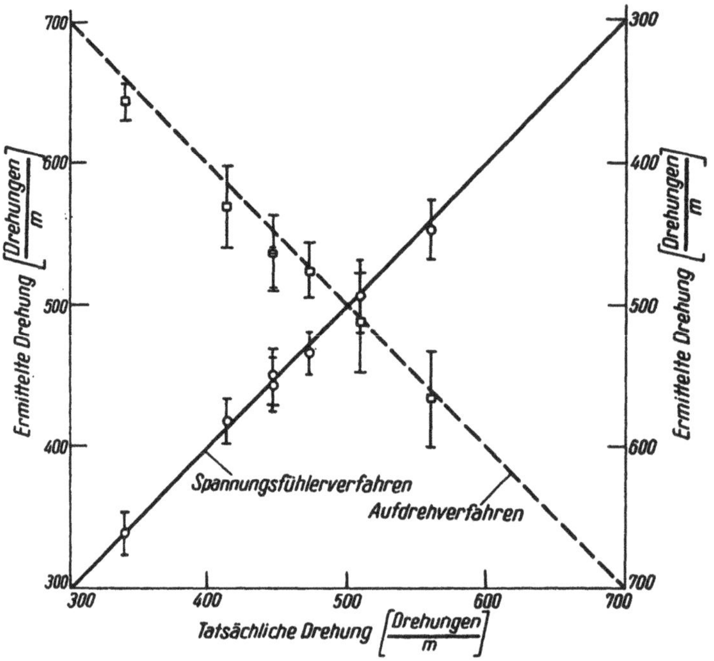

Diagr. 17. Nach dem modifizierten Spannungsfühlerverfahren ($E = 250$ mm) und Aufdrehverfahren ($E = 50$ mm) festgestellte Drehungsmeßwerte von Drehungstest-Kammgarnen

Tabelle 20. Nach dem modifizierten Spanungsfühlerverfahren ($E = 250$ mm) festgestellte Drehungs-

Versuch	Garnart	Nm_{Ist} [m/g]	$\alpha_{m_{Ist}}$	T_{tat} [Dreh./m]	N	P [p]	E [mm]	Ungedämpfte $\overline{T}_{S'} \pm q_{S'}$ [Dreh./m]	$\pm s$ [Dreh./m]
V 6/1	Kammgarn 100% Deutsch A (dunkelgrau)	42,2 [24 tex]	78	509	100	6,0	250	506 ± 26	77
V 5/1	Wollstreichgarn 25% Visk. glzd., 25% Visk. m., 50% Wolle C-C/D (roh)	8,9 [110 tex]	81	242	100	28,0	250	244 ± 6	18

7.9. Drehungsmessungen an gedämpften Woll-Drehungstestgarnen

Das Dämpfen, das bei Wollgarnen und speziell bei Kammgarnen mitunter noch angewendet wird, fixiert die Faserlage und die Garndrehungen [152]. Es wird verschiedentlich die Meinung vertreten, daß bei gedämpften Kammgarnen nur das Aufdrehverfahren verläßliche Drehungsergebnisse liefert. Im folgenden wird untersucht, ob die ablehnende Haltung gegenüber dem üblichen Spannungsfühlerverfahren auch für das modifizierte Spannungsfühlerverfahren zu Recht besteht. Als Untersuchungsmaterial dienten ein Kamm- und ein Streichgarn. Die in Strangform vorliegenden Drehungstestgarne wurden spannungslos gedämpft und anschließend im Normklima ausgelegt (Ausgleichzeit etwa 4 Tage). Gemäß Abschnitt 5. dürfen sich Kamm- und Streichgarne unter der Wirkung der Vorspannkraft um nicht mehr als 0,5% längen. Die zulässige Längung wird bei den ungedämpften Garnen eingehalten, wenn als Vorspannkraft 0,25 p/tex verwendet wird. Abweichend hiervon wurden die gedämpften Garne bereits beim Anlegen einer Vorspannkraft von 0,10 p/tex um etwa 0,5% gelängt (Einspannlänge 250 mm). Die Vorspannkraft mußte deshalb zunächst auf 0,05 p/tex vermindert und dann nach der Nullpunkteinregulierung des Längenzeigers systematisch erhöht werden. Da die gedämpften Garne sehr *dehnungsempfindlich* sind, muß das Gewichtsstück sehr vorsichtig angehängt werden, um unkontrollierbare, ruckartige Beanspruchungen zu vermeiden. Für die beiden gedämpften Garne erwies sich 0,10 p/tex als maximale Vorspannkraft für die Drehungsbestimmung. Die Gleitlängenbestimmung erfolgte in der üblichen Weise.

Die nach dem modifizierten Spannungsfühlerverfahren ermittelten Drehungswerte der ungedämpften und gedämpften Drehungstestgarne sind in Tab. 20 zusammengestellt. Danach ergeben sich hinsichtlich der Drehungswiedergabe und -genauigkeit nach dem modifizierten Spannungsfühlerverfahren zwischen ungedämpften und gedämpften Garnen sowohl bei Kammgarn als auch bei Streichgarn keinerlei Unterschiede. Die größeren Vertrauensbereiche der Drehung

meßwerte von ungedämpften und gedämpften Woll-Drehungstestgarnen

Garne			Gedämpfte Garne							
V [%]	t	Abweichung zw. $\overline{T}_{S'}$ u. T_{tat}	N	P [p]	E [mm]	$\overline{T}_{S'} \pm q_{S'}$ [Dreh./m]	$\pm s$ [Dreh./m]	V [%]	t	Abweichung zw. $\overline{T}_{S'}$ u. T_{tat}
15,2	0,390	nicht gesichert	60	2,4	250	513 ± 34	76	14,8	0,408	nicht gesichert
7,4	1,111	nicht gesichert	60	12,5	250	240 ± 10	23	9,6	0,674	nicht gesichert

der gedämpften Garne sind auf den kleineren Stichprobenumfang von $N = 60$ im Vergleich zu $N = 100$ bei den ungedämpften Garnen zurückzuführen. Das ist auch zum Teil die Ursache dafür, daß der V- und der s-Wert des Streichgarnes höher liegen. Die Abweichungen zwischen $\overline{T}_S$ und T_{tat} sind zufälliger Natur.

Bei gedämpften Garnen ist für die richtige Drehungsreproduktion nach dem modifizierten Spannungsfühlerverfahren neben der Ermittlung der richtigen Zeigerausschlaglänge hauptsächlich die Vorspannkraft verantwortlich. Das geringere Kraftaufnahmevermögen der gedämpften Garne ist auf die Kräuselung der Wollhaare zurückzuführen. Bei ungedämpften Garnen wird die angelegte Zugkraft von den Kräuselkräften der Wollfasern kompensiert, zu deren Überwindung (d. h. bis eine Fadenlängung von 0,5% eintritt) eine höhere Vorspannkraft nötig ist als bei gedämpften Garnen. Das Dämpfen bewirkt ein Fixieren der Wollfasern; damit geht ein Vernichten der inneren Spannungen einher [152]. Die Kräuselungskraft wirkt der Vorspannkraft nicht mehr entgegen, so daß die zulässige Fadenlängung von 0,5% eine wesentlich geringere Vorspannkraft herbeiführt. Auf eine höhere Vorspannkraft scheinen bereits die Elastizitätseigenschaften der Wolle anzusprechen.

7.10. Zusammenfassung der Versuchsergebnisse

Aus den Versuchsergebnissen kann zusammenfassend gefolgert werden, daß mit dem modifizierten Spannungsfühlerverfahren alle Garne, die nach dem Baumwoll-, Streichgarn- und Kammgarnspinnverfahren hergestellt sind, und auch solche, die einer Vor- oder Nachbehandlung unterzogen wurden, auf Drehung geprüft werden können. Die Drehung wird mit größerer Genauigkeit als beim Aufdrehverfahren reproduziert. Die durchschnittliche prozentuale Mittelwertabweichung der untersuchten Garne beträgt weniger als 1%, während das Aufdrehverfahren keine objektiven Ergebnisse liefert. Beim Aufdrehverfahren unterliegen die Prüfwerte subjektiven Einflüssen des Prüfenden, so daß die Anforderungen in bezug auf die Meßgenauigkeit nicht oder nur bedingt erfüllt werden. Ferner kann infolge der notwendigen Aussonderung der Fehlwerte die nach den Grundsätzen der mathematischen Statistik erforderliche Probenauswahl nicht eingehalten werden.

In einem vom Fachausschuß Fadenprüfung der Kammer der Technik durchgeführten Rundtest haben 7 Prüfstellen das modifizierte Spannungsfühlerverfahren mit verschiedenen Drehungstestgarnen erprobt und übereinstimmende Resultate gefunden.

8. Vergleichende Zeitstudien der untersuchten Drehungsprüfverfahren

Von Prüfgeräten und verfahren wird verlangt, daß sie nicht nur die Prüfergebnisse mit großer Genauigkeit anzeigen, sondern auch einen geringen Zeitaufwand beanspruchen. Die Erfüllung der zuletzt genannten Forderung darf jedoch nicht auf Kosten der Prüfgenauigkeit gehen. Im Vordergrund müssen stets große Genauigkeit sowie gute Aussagefähigkeit der Prüfergebnisse stehen, und erst in zweiter Linie soll der Zeitfaktor beachtet werden.

Die Vielzahl der durchgeführten Drehungsversuche bestätigt die große Genauigkeit, mit der das modifizierte Spannungsfühlerverfahren die Garndrehung reproduziert. Es ist noch zu überprüfen, ob es auch hinsichtlich des Zeitbedarfes dem Aufdrehverfahren überlegen ist.

Perner [155] weist auf zwei Möglichkeiten zur Verbesserung der Leistungsfähigkeit von Prüfgeräten hin, wodurch die Kosten — bei unverminderter Prüfgenauigkeit und ohne Mehrbelastung des Prüfenden — gesenkt werden können:

1. rationellste Ausnutzung vorhandener Möglichkeiten,
2. Entwicklung verbesserter Textilprüfgeräte.

Damit sind jedoch noch nicht alle Möglichkeiten erschöpft. Um eine umfassende Leistungsverbesserung zu erzielen, muß auch versucht werden, neue oder verbesserte Prüfbedingungen bzw. Prüfverfahren zu schaffen.

Nicht allein die indirekten Prüfzeiten für das Einspannen, Umspannen, Registrieren usw. beeinträchtigen die Leistung, sondern auch die direkten Prüfzeiten, die bei der Durchführung des eigentlichen Versuchsprozesses aufzuwenden sind, beeinflussen maßgeblich die Leistungsfähigkeit eines Prüfgerätes bzw. Prüfverfahrens. Schon eine geringfügige Änderung der Prüfbedingungen (z. B. kleinere Prüflänge, höhere Klemmendrehzahl bei Drehungsprüfungen) kann — bei gleicher Meßgenauigkeit — die für eine Prüfung aufzuwendende Zeit vermindern. Wenn man mit einem Prüfverfahren bei einem kleineren Stichprobenumfang gleich aussagekräftige und ebenso genaue Prüfergebnisse erzielt wie mit einem anderen Verfahren, bei dem zur Einhaltung der Prüfgenauigkeit ein größerer Stichprobenumfang zugrunde gelegt werden muß, so dürfte das ebenfalls einer höheren Leistung des ersten Verfahrens gleichkommen.

Eine Senkung des Prüfumfanges und Abänderung der Prüfbedingungen unter Einhaltung der Prüfgenauigkeit liegt bei dem modifizierten Spannungsfühlerverfahren im Vergleich zum Aufdrehverfahren vor. Aus der Berechnung der Versuchsanzahl (Abschnitt 5.2.2.) sowie aus allen Ergebnissen der untersuchten Garne geht hervor, daß das modifizierte Spannungsfühlerverfahren sowohl bei 500 mm als auch bei 250 mm Einspannlänge und einem Stichprobenumfang von $N = 100$ bessere Prüfergebnisse (hohe Genauigkeit und Aussagekraft) liefert als das Aufdrehverfahren bei einem Stichprobenumfang von $N = 200$ und bei 50 bzw. 25 mm Einspannlänge.

Der Zeitstudie liegen die beiden Stichprobenumfänge ($N = 100$ und $N = 200$) zugrunde. Aus dem Versuchsprogramm wurden 7 Garne herausgegriffen; die Dauer des gesamten Drehungsprüfvorganges wurde festgestellt (Tab. 21).
Es bedeuten:

Σt_D = Summe der Zeiten für die *eigentliche* Drehungsermittlung aus 100 bzw. 200 Einzelwerten in Sekunden

Σt_G = Summe der Zeiten für die *eigentliche* Gleitlängenbestimmung aus 5 Einzelwerten in Sekunden

Σt_N = Summe der Nebenzeiten in Sekunden für das Ein- und Umspannen der Prüfstücke zur Gleitlängen- und Drehungsermittlung aus $N = 100 + 5 = 105$ Einzelwerten
Für ein Prüfstück wurde eine Zeit von 12 s gemessen ($105 \cdot 12\ \text{s} = 1260\ \text{s} = \text{konst.}$). Da auch Σt_G als *Verlustzeit* zu werten ist, wird sie zu den

Tabelle 21. Zusammenstellung der ermittelten Prüfzeiten bei der Drehungsprüfung

Versuch	Garnart	Nm_{Ist} [m/g] αm_{Ist}	Modifiziertes Spannungsfühler- Einspannlänge = 500 mm					Einspann-	
			Σt_D [s]	Σt_G [s]	Σt_N [s]	Σt_P [s]	η	$\Sigma t'_D$ [s]	$\Sigma t'_G$ [s]
V 1/1	Baumwollgarn, gekämmt	184,8 [5,6 tex] 105	6526,0	142,0	1402,0	7928,0	0,823	3303,9	91,1
V 1/8	Baumwollgarn, gekämmt	21,8 [46 tex] 113	2595,9	88,4	1348,4	3944,3	0,658	1298,1	48,1
V 3/3	Baumwollgarn, kardiert	47,1 [21 tex] 134	4304,9	105,7	1365,7	5670,6	0,759	2200,6	50,8
V 4/1	Viskosefasergarn (100% Viskosef.)	55,8 [18 tex] 114	3795,6	113,3	1373,3	5168,9	0,734	1984,2	62,4
V 4/9	Baumwollmischgarn (33% Dederon, 67% Bw)	85,4 [12 tex] 110	5293,0	130,9	1390,0	6683,9	0,792	2548,4	66,4
V 5/5	Viskosefaserstreichg. (6% Dederon, 94% Visk.)	10,5 [96 tex] 93						1213,4	22,3
V 6/3	Kammgarn (100% Wolle)	28,2 [36 tex] 18						1732,1	38,3

Nebenzeiten addiert. Beispiel für Versuchsgarn *V* 1/1 (Tab. 21): $\Sigma t_N = 1260{,}0\text{ s} + 142{,}0\text{ s} = 1402{,}0\text{ s}$.
Die Nebenzeiten $\Sigma t''_N$ für das Aufdrehverfahren werden gesondert aufgeführt!

$\Sigma t_P = \Sigma t_D + \Sigma t_N$ = Gesamtprüfzeit in Sekunden zur Durchführung von 100 bzw. 200 Drehungsversuchen

$\eta = \Sigma t_D / \Sigma t_P$ = Zeitwirkungsgrad des Prüfgerätes [155]

N''_F = Anzahl der Fehlwerte beim Aufdrehverfahren

$t''_F = \Sigma t''_D / 200$ = mittlere Prüfzeit für einen Fehlwert in Sekunden

$\Sigma t''_F = N''_F \cdot t''_F$ = Summe der Zeiten in Sekunden für die bei der Drehungsbestimmung angefallenen Fehlwerte N''_F

$\Sigma t''_N$ = Summe der Nebenzeiten in Sekunden, die beim Aufdrehverfahren anfallen. Sie setzen sich zusammen aus:

1. $\Sigma t''_F$
2. Zeiten für das Ein- und Umspannen der von $N = 200 + N''_F$ Prüfstücken (12 s je Prüfstück)

verfahren länge = 250 mm			Aufdrehverfahren Einspannlänge = 25 mm bzw. 50 mm bei $V5/5$ u. $V6/3$							
$\Sigma t'_N$ [s]	$\Sigma t'_P$ [s]	η'	$\Sigma t''_D$ [s]	N''_F	t''_F [s]	$\Sigma t''_F$ [s]	$\Sigma t''_N$ [s]	$\Sigma t''_P$ [s]	η''	$\Sigma t''_P : \Sigma t_P : \Sigma t'_P$
1351,1	4655,0	0,710	6863,8	15	34,3	514,5	3894,5	10758,3	0,638	1 : 0,737 : 0,433
1308,1	2606,2	0,498	2374,2	10	11,9	119,0	3439,0	5813,2	0,408	1 : 0,688 : 0,448
1310,8	3511,4	0,627	4338,1	61	21,6	1317,6	5249,6	9587,7	0,452	1 : 0,591 : 0,366
1322,4	3306,6	0,600	3598,1	54	17,9	966,6	4814,6	8412,7	0,428	1 : 0,614 : 0.393
1326,4	3874,8	0,658	4146,3	71	20,7	1469,7	5521,7	9668,0	0,429	1 : 0,691 : 0,401
1282,3	2495,7	0,486	3842,3	42	19,2	806,4	4510,4	8352,7	0,460	1 : 0,299
1298,3	3030,4	0,572	3830,1	46	19,2	883,2	4635,2	8465,3	0,452	1 : 0,358

3. Zeiten für das Notieren der 200 Einzelwerte (4 s je Prüfwert = konst.) Beispiel für Versuchsgarn $V1/1$(Tab. 21):

$$514{,}5\ \text{s} + (200 + 15) \cdot 12\ \text{s} + 200 \cdot 4\ \text{s} = 3894{,}5\ \text{s}$$

Beim modifizierten Spannungsfühlerverfahren werden die Zeiten zum Notieren der Prüfwerte nicht berücksichtigt, da dieser Arbeitsvorgang von der Prüfperson während der Drehungsbestimmung ausgeführt wird.

Die ermittelten Prüfzeiten Σt_D für das modifizierte Spannungsfühlerverfahren (Tab. 21) lassen sich auf Grund der festgelegten Klemmendrehzahl ($n_{Kl} = 1200$ bzw. 800 min^{-1}) nicht weiter verringern; höhere Klemmendrehzahlen ergeben ungenauere Prüfwerte. Nur durch Verringerung der Nebenzeiten Σt_N kann eine Leistungssteigerung erzielt werden. Eine derartige Möglichkeit besteht darin, daß für die Drehungsbestimmung bei 500 mm Einspannlänge die Gleitlänge bei 250 mm Prüflänge gemessen und dann auf 500 mm umgerechnet wird (siehe Abschnitt 5.5.).

Die Zeit von 12 s je Versuch für das Ein- und Umspannen der Fadenstücke läßt sich kaum noch verringern. Diese Zeit ist ein Optimalwert und setzt Übung und Geschicklichkeit der Prüfperson voraus, die aber selbst von eingearbeiteten

Kräften nicht mehr zu unterbieten sein dürfte, wenn man beispielsweise einen Dauerbetrieb von 8 Stunden in Erwägung zieht. Eine Senkung der indirekten Prüfzeiten wird nur mit dem automatischen Spannungsfühlerverfahren [2] erreicht. Nach neueren Untersuchungen [156] benötigt das automatisierte Drehungsprüfgerät für die indirekten Arbeitsrhythmen (Wagenaus- und -einfahrt sowie Fadenumspannen und -einlegen) etwa 6 bis 10 s. Rechnet man im Mittel mit 8 s, so verringern sich z. B. für das Versuchsgarn *V* 1/1 (Tab. 21) bei $E = 500$ mm die Nebenzeiten Σt_N von 1402 s auf 982 s und Σt_P sinkt auf 7508 s ab. Die Leistungssteigerung beträgt im Vergleich zum üblichen Drehungszähler mit Motorantrieb etwa 5,3% und bei $E = 250$ mm rund 9%. Für das Versuchsgarn *V* 1/8 wird der Zeitaufwand bei $E = 500$ mm um 10,6%, bei $E = 250$ mm um 16,1% verkürzt. Die Leistungssteigerung beim automatischen Drehungsprüfen ist im Vergleich zum *mechanischen Prüfen* noch besser, wenn die Prüfperson in den Gesamtkomplex eingeschlossen und die Berechnung z. B. auf 8 Stunden oder 1 Woche ausgelegt wird. Während der automatische Drehungsprüfer im Dauerbetrieb einsetzbar ist, kann die Prüfperson beim *mechanischen* Verfahren nicht ununterbrochen Drehungsversuche ausführen. Sie muß Pausen zur Entspannung einlegen, die je nach der Kompliziertheit des Verfahrens verschieden groß ausfallen.

Die Prüfzeiten beim modifizierten Spannungsfühlerverfahren bei 250 mm Prüflänge betragen etwa die Hälfte von denen bei $E = 500$ mm (Tab. 21). Aus wirtschaftlichen Gründen ist deshalb zu empfehlen, die Drehungsprüfung für Garne und auch für Zwirne mehr als bisher bei $E = 250$ mm vorzunehmen. Die Prüfgenauigkeit wird dadurch nur in geringem Maße beeinträchtigt.

Im krassen Gegensatz zu der hohen Leistungsfähigkeit des modifizierten Spannungsfühlerverfahrens steht das Aufdrehverfahren. Infolge des Zeitaufwandes für die Ermittlung von 200 Einzelwerten und der damit verbundenen Nebenzeiten liegt hier die Gesamtprüfzeit wesentlich höher als beim modifizierten Spannungsfühlerverfahren. Eine Verringerung der Prüfzeiten $\Sigma t''_D$ ist auf Grund der sinkenden Prüfgenauigkeit ausgeschlossen. Die Nebenzeit $\Sigma t''_N$, die sich aus Fehlwert-, Umspann- und Notierzeit zusammensetzt und verfahrensbedingt ist, läßt sich nicht weiter verringern. Die Fehlwerte können nicht im voraus aus dem Prüfumfang ausgeschieden werden. Deren Aussonderung kann erst dann erfolgen, wenn das Prüfstück bereits vergeblich untersucht wurde. Da die Prüfperson beim Aufdrehverfahren ununterbrochen beschäftigt ist, benötigt sie noch zusätzlich Zeit zum Aufschreiben der Versuchsergebnisse (4 s je Prüfwert). Mit Hilfe einer selbsttätigen Registriervorrichtung könnte die Notierzeit eingespart werden, sofern sich der technische Aufwand hierfür lohnt. Beim modifizierten Spannungsfühlerverfahren entfällt ein Zeitverlust durch das Notieren, weil dem Beobachter hierfür genügend Zeit während des selbsttätigen Laufes des Drehungszählers zur Verfügung steht. Eine Leistungssteigerung des Aufdrehverfahrens durch Automatisieren dürfte mit den gegenwärtig verfügbaren technischen Mitteln nicht möglich sein, weil die Prüfperson als *Überwachungsorgan* für das vollständige Beseitigen des Dralles schwerlich zu ersetzen ist. Eine teilweise Automatisierung (selbsttätiges Registrieren der Ergebnisse, automatischer Drehklemmenantrieb usw.) ist zwar möglich, wird aber keinen wesentlichen wirtschaftlichen Vorteil bringen.

Das leistungsschwächere Aufdrehverfahren wird auch durch den Zeitwirkungsgrad η [155] gekennzeichnet, der als Orientierungswert mit berechnet wurde.

Für das modifizierte Spannungsfühlerverfahren ergibt sich für $E = 500$ mm ein durchschnittlicher Zeitwirkungsgrad von 0,75 und für $E = 250$ mm ein solcher von 0,59, während er für das Aufdrehverfahren nur 0,48 beträgt. Durch das Automatisieren des modifizierten Spannungsfühlerverfahrens wird η noch um etwa ein Zehntel verbessert.

Da der Stichprobenumfang nicht in den Zeitwirkungsgrad eingeht, sind in Tab. 21 die Gesamtprüfzeiten Σt_P zueinander ins Verhältnis gesetzt, wobei die Prüfzeiten $\Sigma t_P''$ des Aufdrehverfahrens 1 ergeben und nach der Beziehung

$$\Sigma t_P'' : \Sigma t_P : \Sigma t_P' = \Sigma t_P'' / \Sigma t_P'' : \Sigma t_P / \Sigma t_P'' : \Sigma t_P' / \Sigma t_P''$$

die Zeiten des modifizierten Spannungsfühlerverfahrens bei $E = 500$ bzw. 250 mm Prüflänge jeweils durch $\Sigma t_P''$ dividiert werden.

Nach dem errechneten Zahlenverhältnis zeichnet sich die größere Leistungsfähigkeit des modifizierten Spannungsfühlerverfahrens deutlich ab. Mit dem modifizierten Spannungsfühlerverfahren bei 500 mm Prüflänge werden im Durchschnitt in etwa zwei Drittel der für das Aufdrehverfahren aufzuwendenden Zeit gleich aussagefähige bzw. noch bessere Ergebnisse erzielt. Wenn beim modifizierten Spannungsfühlerverfahren mit nur 250 mm Einspannlänge gearbeitet wird, beträgt die Prüfzeit sogar nur rund ein Drittel der beim Aufdrehverfahren benötigten. Dieser Zeitvorteil des modifizierten Spannungsfühlerverfahrens würde noch günstiger ausfallen, wenn die Abhängigkeit von der Prüfperson mit einbezogen und die Berechnung auf eine Arbeitswoche ausgelegt würde. Der Prüfende wird bei der Durchführung des komplizierten Aufdrehverfahrens so stark physisch beansprucht, daß er nicht fortlaufend prüfen kann; nach 50, spätestens aber nach 100 Versuchen muß eine Erholungspause eingelegt werden. Da beim Aufdrehverfahren größtenteils bei künstlichem Licht gearbeitet werden muß, wird das Sehvermögen der Prüfpersonen u. a. durch Zwielicht stark beansprucht. Derartigen Strapazen ist der Beobachter beim modifizierten Spannungsfühlerverfahren nicht ausgesetzt. Während des Drehvorganges steht ihm genügend Zeit zur Entspannung zur Verfügung. Der *Wirkungsgrad* der Prüfperson liegt deshalb beim modifizierten Spannungsfühlerverfahren auf alle Fälle günstiger.

Die größten Vorteile bringt naturgemäß das automatisierte Spannungsfühlerverfahren, weil die Bedienungsperson nur den Apparat in Gang zu halten braucht und den Versuchsablauf als *Nebenbeschäftigung* überwachen muß. Es reproduziert nicht nur *objektivere* Ergebnisse, sondern eine Berechnung würde auch eine höhere Leistung nachweisen, die hier nur angedeutet werden konnte.

9. Zusammenfassung

Mit der vorliegenden Arbeit sollten die beiden wichtigsten Prüfverfahren, das Spannungsfühler- und das Aufdrehverfahren, hinsichtlich der Reproduzierbarkeit der Drehung untersucht und Klarheit über die Brauchbarkeit und Verwendbarkeit des von der Praxis bevorzugten Spannungsfühlerverfahrens geschaffen werden.

Um diese Aufgabe zu lösen, wurde ein umfangreiches Literaturstudium betrieben. Ferner wurden die gebräuchlichen Prüfverfahren und -geräte zur Bestimmung der Drehung von Fäden aller Art besprochen und kritisch beurteilt. Weiterhin wurde festgestellt, daß es für das Spannungsfühlerverfahren keine exakten Prüfbedingungen und Durchführungsbestimmungen gibt, die eine einwandfreie Drehungsreproduktion gewährleisten. Auch über den Einfluß des Faserstoffes, der Garnfeinheit, des Drehungsgrades usw. liegen bisher noch keine ausreichenden Untersuchungsergebnisse vor.

Um die Drehungsprüfverfahren objektiv beurteilen zu können, wurden Drehungstestgarne angefertigt, von denen die mittlere tatsächliche Drehungszahl je Meter genau bekannt ist. Die hierbei verwendete Methodik gestattet es, unterschiedliche Drehungstestgarne unter praxisgleichen Spinnbedingungen und unter Ausschaltung subjektiver Einflüsse mit einer Drehungsgenauigkeit von ± 1 Drehung je Meter herzustellen. Die Werte sind reproduzierbar.

Vorversuche ergaben, daß die unter den beim Spannungsfühlerverfahren bisher üblichen Prüfbedingungen ermittelten Drehungen nicht mit den tatsächlich im Drehungstestgarn vorhandenen Drehungen übereinstimmten. Unter Berücksichtigung der untersuchten Einflußfaktoren wurde das Spannungsfühlerverfahren so modifiziert, daß es brauchbare Ergebnisse anzeigt, von jeder Prüfperson ausgeführt werden kann und auch für die automatische Drehungsbestimmung geeignet ist. Die Einflußfaktoren sind infolge Einführung der 1/4-Gleitlänge und Festlegung der entsprechenden Vorspannkraft, die der Zugkraft beim Spinnprozeß etwa gleichkommt, kompensiert worden.

Mit dem neuen modifizierten Spannungsfühlerverfahren wurden etwa 18000 Drehungsversuche an Drehungstestgarnen vorgenommen und mit den nach dem Aufdrehverfahren ermittelten Prüfwerten (etwa 12000 Versuche) verglichen. Es zeigte sich, daß mit dem modifizierten Spannungsfühlerverfahren alle Garne, die nach dem Baumwoll-, Streich- und Kammgarnspinnverfahren hergestellt sind, sowie auch solche, die einer speziellen Vor- oder Nachbehandlung unterzogen wurden, auf Drehung geprüft werden können. Es reproduziert sowohl bei 500 mm als auch bei 250 mm Einspannlänge die Drehung mit einer durchschnittlichen prozentualen Mittelwertungenauigkeit von weniger als 1%. Dagegen treten beim Aufdrehverfahren bei doppelter Versuchsanzahl Mittelwertabweichungen von bis über 9% auf. Auch in bezug auf die statistischen Kenngrößen übertrifft das modifizierte Spannungsfühlerverfahren infolge der verhältnismäßig großen Einspannlängen bei weitem das Aufdrehverfahren. Die Ergebnisse des Aufdrehverfahrens tragen in hohem Maße subjektiven Charakter, so daß bei den Versuchen nur hochqualifiziete Kräfte eingesetzt werden dürfen. Wegen der unvermeidlichen Fehlwertaussonderung (bis zu 35%) aus dem Stichprobenumfang läßt sich eine Probenahme nach den Regeln der Statistik nicht einhalten. Beim modifizierten Spannungsfühlerverfahren entfallen subjektive Einflüsse, und mit der Durchführung kann jede Prüfkraft betraut werden. Das modifizierte Spannungsfühlerverfahren reproduziert nicht nur objektive und aussagekräftigere Prüfwerte, sondern zeichnet sich auch durch höhere Leistungsfähigkeit gegenüber dem Aufdrehverfahren aus. Aus Zeitstudien geht hervor, daß — unter Wahrung der Prüfgenauigkeit — für das modifizierte Spannungsfühlerverfahren bei einer Einspannlänge von 500 mm nur etwa zwei Drittel und bei 250 mm Einspannlänge nur ein Drittel der für das Aufdrehverfahren aufzuwendenden Prüfzeit benötigt wird. Das modifizierte Spannungsfühlerverfahren wird für die Standardisierung vorgeschlagen.

10. Literatur

[1] VAN OOST, P., Einfluß der Drehung auf die Eigenschaften von Garnen. Reyon, Zellwolle andere Chemiefasern 10 (1960), S. 21—30.

[2] FRENZEL, W., u. KUNTZE, R., Automatischer Drehungszähler. Faserforsch. u. Textiltech. 7 (1956), S. 53—63.

[3] ASTM D 180-52 T: American Society for Testing Materials, Philadelphia.

[4] Federal Specification CCC-T-191b, Method 4052 (May 15, 1951), Washington, D. C., U. S. Govt. Print. Off.

[5] SVMT 25-C 1051: Rohstoffe und Erzeugnisse der Textilindustrie, C Garne und Zwirne.

[6] DIN 53801: Prüfung von Fasern, Gespinsten und Geweben, Blatt 3.

[7] Tentative Spec. No. 12, 1947. J. Textile Inst. 38 (1947), S. 21/22.

[8] British Standard 2085, 1954: Twist in Yarn in Package Form. British Standard Institution.

[9] Indian Standard IS: 238—1952: Method for Determination of Twist in Cotton Yarn.

[10] International Organisation for Standardization, ISO/TC 38/SC (Southport 4) 49, May 1956. ISO Techn. Com. 38 — Textiles Subcom. SC 5 — Yarn Testing. Fifth Draft Proposal, Method of Test for Twist in Yarn.

[11] International Organisation for Standardization, ISO/TC 38/SC (USA Secretariat 27) 53, September 1956. American Standards Association, New York. ISO Techn. Com. 38 — Textiles Subcom. 5 — Yarn Testing. Draft ISO Recommendation, Standard Method for the Determination of Twist in Yarns.

[12] DIN 53832 (Entwurf Juni 1957): Bestimmung der Drehung von Garnen und Zwirnen sowie der Längenänderung beim Zwirnen.

[13] DIN 53832 (Vorlage zur Norm Januar 1961): Bestimmung der Drehung von Garnen und Zwirnen sowie der Längenänderung beim Aufdrehen (Aufdrehverfahren).

[14] FRENZEL, W., Der selbstschreibende Drehungszähler. Melliand Textilber. 18 (1937), S. 209/210.

[15] KITTELMANN, W., Einfluß der Drehungen und Zwirnspannungen auf die textilphysikalischen Eigenschaften von Reifencord. Dtsch. Textiltechn. 7 (1957), S. 173—176.

[16] LEPEZ, M. J., Neuer automatischer Drehungszähler für Zwirne. Rev. Textile 5 (1933), S. 375; ref. in: Melliand Textilber. 15 (1934), S. 178.

[17] HENNO, J., u. JOUHET, R., Un Torsiomètre Automatique. Bull. Inst. Textile France (1957), Nr. 66, S. 97—101.

[18] MARSCHIK, S., Die Torsion der Garne und Zwirne. Leipziger Mschr. Textilind. 25 (1910), S. 273—278, 298—305, 326—333.

[19] SCHMIDT, E., Drehungsbestimmung von Zwirnen und Garnen. Melliand Textilber. 12 (1931), S. 445—447.

[20] Kurzlehrgang in der Spinnereitechnologie der Woll- und Kammgarnindustrie III. Klepzigs Textil-Z. 44 (1941), S. 738—740.

[21] PINAGEL, A., Das Marschikverfahren zur Bestimmung der Drehung von einfachen Garnen. Z. ges. Textilind. 15 (1912), S. 583—585.

[22] WAGNER, E., Die Bestimmung der Gespinstfeinheit auf mikroskopischem Wege. TH Dresden: Diss. 1930.

[23] BLASCHKE, K., Aus der Praxis der Baumwollspinnerei und -zwirnerei. Konradin-Verlag Rob. Kohlhammer, Stuttgart 1953.

[24] OESER, W., Prüfgeräte für die Textilindustrie. C. E. Poechel Verlag, Stuttgart 1952, 2. Aufl.

[25] Monastirski, A. G., Laborpraktikum über die Prüfung von Textilmaterialien. Gislegprom, Moskau 1953.

[26] Kokorin, W. W., Einrichten, Vorrichten und Instandsetzen der Ringspinnmaschine (Übersetzung aus dem Russischen). Fachbuchverlag, Leipzig 1953.

[27] Kukin, G. H., u. Nosow, M. P., Geräte für die Prüfung von Textilmaterialien auf Ermüdung. Gislegprom, Moskau 1959.

[28] Truslow, N., A Handbook of Twisting. Textile Bull. **79** (1953), S. 71—73.

[29] Frenzel, W., Ein verbesserter Drehungszähler. Melliand Textilber. **15** (1934), S. 5—7.

[30] Kuhn, F. W., Ein neues Verfahren zur Bestimmung der Drehzahl eines Garnes. Melliand Textilber. **23** (1942), S. 479.

[31] Garndrehungsprüfer. Textile Rec. (1928), S. 54; ref. in: Melliand Textilber. **10** (1929), S. 475.

[32] Noechel, F. W., Verfahren zur Bestimmung der Drehungen je Zoll in Kammgarn und Streichgarn. Textile Wld. **13** (1934), S. 74; ref. in: Melliand Textilber. **16** (1935), S. 446.

[33] Drehungsmesser mit doppelter Aufdrehung. Rev. Textile (1924), S. 651—653; ref. in: Melliand Textilber. **6** (1925), S. 441.

[34] Casassovici, C., Teodorescu, D., u. Jonescu-Muscel, J., Ein neues Verfahren zur Bestimmung der Drehungszahl eines Garnes. Melliand Textilber. **23** (1942), S. 163—165.

[35] Keverling-Buisman, J. A., The Determination of Twist. Rayon Rev. (Enka Breda) **1** (1947), S. 130—132.

[36] Sommer, H., u. Winkler, F., Handbuch der Werkstoffprüfung. Springer-Verlag, Berlin 1960, 2. Aufl., 5. Bd.: Die Prüfung von Textilien.

[37] Gyimesi, J., Sodvatvizsgalo keszülekek es sodvatvizsgalati modszevek összehasonlitasa. Magyar Textil-Technika 8 (1956), S. 283—286.

[38] Schwarz, E. R., Twist Measurement in Single Yarns. Textile Res. 8 (1938), S. 157—164.

[39] Du Bois, W. F., Twistmetingen aan katoenen garens. Rev. Textil's [Gent] **15** (1959), S. 13—16.

[40] Du Bois, W. F., u. van de Riet, D. F., Twistmetingen aan katoengarens. Rev. Textili's [Gent] **15** (1959), S. 35—48.

[41] Heinigen, G., Über die Drehungsbestimmung an Fasergarnen. Melliand Textilber. **37** (1956), S. 637—639.

[42] Johannsen, O., Handbuch der Baumwollspinnerei. Verlag Bernh. Friedr. Voigt, Leipzig 1948, 1. Bd.

[43] De Backer, G., Comparaison entre deux Méthodes pour la Détermination de la Torsion d'un Fil de Coton. Rev. Textili's [Gent] **13** (1957), S. 14—16.

[44] Worner, K., Limitations of the Indirect Untwist-Twist and Direct-Counting Methods for Determining Twist in Carded Single Yarns. Textile Res. J. **6** (1956), S. 445—459.

[45] Belleli, T., La Détermination de la Torsion d'un Fil de Coton. Bull. Inst. Textile France (1956), Nr. 62, S. 79—90.

[46] Contribution a l'Étude de la Détermination de la Torsion des Fils simples de Coton. Centre de Recherches des Industries textiles de Rouen. Bull. Inst. Textile France (1958), Nr. 78., S. 45—60.

[47] Defraine, M., Bericht über den Defraine-Garndrehungszähler. Brüssel.

[48] Lörcher, O., Zwei neue Verfahren der Drehungsprüfung. Melliand Textilber. **38** (1957), S. 365/366.

[49] Lörcher, O., Verbesserung der Drehungsprüfung durch neue Prüfmethode. Melliand Textilber. **36** (1955), S. 1217—1219.

[50] LÖRCHER, O., Zwei neue Verfahren zur Drehungsprüfung. Ref. in: Textil-Rdsch. [St. Gallen] 13 (1958), S. 489.

[51] FRENZEL, W., u. HAHN, G., Einrichtung zum Prüfen der Garndrehung. DWP 13852 (ab 18. 7. 1954).

[52] UNO, M., MIURA, Y., u. SHIOMI, A., Kontinuierlicher Drehungsmesser. J. Textile Machinery Soc. Japan 9 (1956), S. 726—734.

[53] MINORU, U., u. SHIOMI, K., Kontinuierlich arbeitendes Prüfgerät zur Bestimmung der Drehungsungleichmäßigkeit. Textile Res. J. 27 (1957), S. 818—824; ref. in: Textil-Praxis 13 (1958), S. 539.

[54] HERZOG, A., Drallprüfung mittels des Mikroskopes. Z. Farben- u. Textil-Ind. 4 (1905), S. 9/10.

[55] HERZOG, A., Mikrophotographischer Atlas der technisch wichtigen Faserstoffe. Verlag J. B. Obernetter, München 1908.

[56] HERZOG, A., Die mikroskopische Untersuchung der Seide und der Kunstseide. J. Springer Verlag, Berlin 1924.

[57] HEERMANN, P., u. HERZOG, A., Mikroskopische und mechanisch-technische Textiluntersuchungen. Springer-Verlag, Berlin 1931, 3. Aufl.

[58] HERZOG, A., Handbuch der mikroskopischen Technik für Fasertechnologen. Akademie-Verlag, Berlin 1951.

[59] HERZOG, A., u. WAGNER, E., Physikalisch-technisches Faserstoff-Praktikum. Springer-Verlag, Berlin 1931.

[60] KOCH, P.-A., u. BOBETH, W., Über die Drehungsverhältnisse des Baumwollhaares. Klepzigs Textil-Z. 44 (1941), S. 461—464.

[61] CIRR, H., Optische Messung der Garndrehung. Melliand Textilber. 35 (1954), S. 1331/1332.

[62] WAGNER, E., Mechanisch-technologische Textilprüfung III. Textil-Praxis 2 (1947), S. 353—359.

[63] MÜLLER, U., Drehungsmessung am laufenden Faden. TH Dresden: Großer Beleg 1954.

[64] KNOBEL, R., Megascope, das schweizerische Projektions-Mikroskop — ein neuer Textilprüfapparat. SVF Fachorgan Textilveredlg. 10 (1955), S. 286—292.

[65] Ein vielseitiges optisches Prügerät. Z. ges. Textilind. 60 (1958), S. 192/193.

[66] STEIN, H., Verfahren zur Feststellung des Fadendralls und der Drehungsungleichmäßigkeit. DRP 740939.

[67] SCHRÖDER, K., Die optisch-mechanische Bestimmung der Anzahl Drehungen in Kreppzwirn, Effektgarn und Spinnfäden. Kunstseide u. Zellwolle 14 (1932), S. 89.

[68] SCHLIEN, K., Untersuchung des Garnaufbaus mit dem Ustergerät. Melliand Textilber. 34 (1953), S. 1061—1064.

[69] GOY, R. S., Textile Control in Tyre Production. Bericht zur 42. Jahrestagung des britischen Textile-Institute, Manchester, in Bournemouth 1957.

[70] GONSALVES, V. E., A Twist Irregularity Meter for Tyre Cord. Enka and Breda Rayon Rev. 9 (1955), S. 81.

[71] UNO, M., SAITO, H., SHIOMIE, A., u. HIRAMATU, T., Photoelectric Twist Irregularity Tester. Textile Res. J. 29 (1959), S. 550—557.

[72] SHORTER, S. A., The Elements of a Unified Theory of Yarn Structure and Strength. J. Textile Inst., Trans. 48 (1957), S. T99—108.

[73] ASTLE-FLETSCHER, M. W., A Method for Evaluating the Twist in Nylon Monofilaments. J. Textile Inst., Trans. 48 (1957), S. T128—132.

[74] Wegener, W., Drehungsbestimmung an fixierten Perlon-Monofil-Fäden. Reyon, Zellwolle andere Chemiefasern **9** (1959), S. 173–177, 236–244.

[75] Kirchner, H., Einrichtung zur Feststellung des Dralls von Monofilgarnen. DWP 17915 (v. 27. 11. 1959).

[76] Owen, J. D., The Measurement of Twist in Nylon Monofil. J. Textile Inst., Trans. **49** (1958), S. T223–226.

[77] Koch, P.-A., u. Morawek, W., Texturierte Garne: Einteilung, Merkmale, Erkennung, Herstellung (I). Z. ges. Textilind. **61** (1959), S. 421–427.

[78] Larose, P., The Evaluating of Twist in Nylon Monofilament. J. Textile Inst., Trans. **49** (1958), S. T707–709.

[79] Krauter, G., Der Drehungszähler als Hilfsmittel bei Untersuchungen von periodisch wiederkehrenden Fehlern von Garnen. Mschr. ges. Textil-Ind. **12** (1931), S. 377.

[80] Dubach, P., Der Optimal-Drehungszähler, ein neues, vielseitiges Prüfgerät für die Textilindustrie. Melliand Textilber. **38** (1957), S. 360–365.

[81] Dubach, P., Vereinfachte Drehungsbestimmungen für Garne aus endlosen Fäden. Reyon, Zellwolle andere Chemiefasern **9** (1959), S. 43/44.

[82] Koch, P.-A., Der Bruchverdrehungswinkel als Faserstoff-Kriterium. Textil-Rdsch. [St. Gallen] **4** (1949), S. 199.

[83] Frenzel, W., u. Harzer, W., Drehungsfestigkeit. Melliand Textilber. **18** (1937), S. 774 bis 776.

[84] Frenzel, W., u. Harzer, W., Bruchdrehung und Drehungsfestigkeit. Melliand Textilber. **19** (1938), S. 555–557.

[85] Frenzel, W., u. Perner, H., Torsionsfestigkeitsbestimmungen. Faserforsch. u. Textiltechn. **4** (1953), S. 63–74.

[86] Perner, H., Die Messung des Verdrehungswiderstandes von Garnen und Zwirnen mit Nutzanwendung auf Spinnereiprobleme. TH Dresden: Diss. 1954; Akademie-Verlag, Berlin 1955.

[87] Barella, A., Études sur la Torsion des Fils. Ann. sci. textiles belges **3** (1955), S. 58–88.

[88] Barella, A., Nouveaux Aspects de l'Étude de la Torsion des Fils. Ann. sci. textiles belges **7** (1959), S. 7–37.

[89] Juilfs, J., Zur Bestimmung der Reißlast (Zugfestigkeit) von Fasern, Fäden und Garnen. Melliand Textilber. **37** (1956), S. 1376–1380.

[90] Juilfs, J., Vergleichende Untersuchungen zur Messung und Prüfung der Bruchlast in der Praxis. Melliand Textilber. **38** (1957), S. 863–867.

[91] Frenzel, W., Die bei der Garnverarbeitung auftretenden Fadenbeanspruchungen und ihre Ermittlung. Faserforsch. u. Textiltechn. **1** (1950), S. 36–41.

[92] Frenzel, W., u. Hesse, H., Verfahren zur Untersuchung von garnverarbeitenden Maschinen. Faserforsch. u. Textiltechn. **6** (1955), S. 189–198.

[93] Frenzel, W., Untersuchung an garnverarbeitenden Maschinen. Abh. Sächs. Akad. Wiss. Leipzig, Bd. 44, Nr. 5. Akademie-Verlag, Berlin 1954.

[94] Stein, H., Testfadenmeßtechnik. Melliand Textilber. **38** (1957), S. 1128–1131.

[95] Gruoner, S., Drehungsdifferenzen bei Garnuntersuchungen. Melliand Textilber. **41** (1960), S. 136–140.

[96] Porsche, G., Ringbankbewegung und Fadenbruchzahl. Melliand Textilber. **40** (1959), S. 961–963.

[97] Oeser, W., Baumwoll- und Zellwollspinnerei sowie Zwirnerei. Konradin-Verlag Rob. Kohlhammer, Stuttgart 1950.

[98] PERNER, H., Textilfabrikation I (Spinnerei). 3. Lehrbrief. VEB Verlag Technik, Berlin 1956.

[99] RAKOW, A. P., u. KRJUKOW, W. M., Die Baumwollspinnerei. Fachbuchverlag, Leipzig 1954, Bd. II.

[100] BUDNIKOW, W. J., SOTIKOW, W. E., KANARSKI, J. N., u. RAKOW, A. P., Grundlagen des Spinnens. VEB Verlag Technik, Berlin 1955, Bd. II.

[101] SCHNEIDER, J., Beeinflussung der Zwirndrehung durch Wicklungsdurchmesser und Wicklungssinn. Z. ges. Textilind. 55 (1953), S. 631—633.

[102] GAMES, J., Verlies resp. vermeerdering van turns in het garen, bij a flopen van de draad over de kop van het garenllichaam. De Tex 14 (1955), S. 1508/1509.

[103] BRUNKEN, E., Betrachtungen über die Bewegung der Ringbank, der Ringspinn- und Zwirnmaschine und deren Einfluß auf die Garndrehung und Aufwindung. Textil- u. Faserstofftechn. 4 (1954), S. 131—135.

[104] ROEMMELT, J., Betrachtungen über die Bewegungsverhältnisse des Ringläufers. Melliand Textilber. 9 (1928), S. 1/2, 101—104.

[105] REINFELD, N., Kokvilnas gredzenverpjamo masinu uztisanas teorija. Acta Universitatis Latviensis, Mechanikas Fakultates serija II, 18. Riga 1940, S. 263—288.

[106] REINFELD, N., Zur Aufwicklungstheorie der Ringspinnmaschine. Melliand Textilber. 31 (1950), S. 313—317, 388—391.

[107] KUHN, F. W., Garndrehung und Einspinnung auf der Ringspinnmaschine I. Melliand Textilber. 25 (1944), S. 332—334.

[108] DE BARR, A. E., u. CATLING, H., Twist Insertion in Ring Spinning and Doubling. J. Textile Inst., Trans. 50 (1959), S. T239/240.

[109] SUSTMANN, C., A Study of Twist Distribution in Irregular Yarn. J. Textile Inst. 47 (1956), S. 106—110.

[110] SUSTMANN, C., Ein Beitrag zur Untersuchung der Verteilung der Drehung in ungleichmäßigen Garnen. Textilingenieurschule Aachen, Erfahrungen, Forschungen und Jahresbericht 1951 bis 1954. S. 25—31.

[111] MONFORT, F., La Répartition de la Torsion dans Fils de Laine peignée. Congrès de la F. L. I. de Barcelona 1951.

[112] MAILLARD, ROEHRICH, u. AMOUROUX, Nouvelle Méthode de Mesure de l'Irrégularité des Files an Régularimétre Zellweger-Uster sur très courtes Périodes. Bull. Inst. Textile France (1953), Nr. 43.

[113] BARELLA, A., The Influence of Twist on the Regularity of the Apparent Diameter of Worsted Yarns. J. Textile Inst. 43 (1952), S. 734—741.

[114] VAN OVERBÉKE, MAZINQUE, G., u. DILLIES, Contribution à l'Étude de la Régularité des Files de Laine peignée. Bull. Inst. Textile France (1953), Nr. 43.

[115] BARELLA, A., u. ARANÓ, Sur le Rapport entre CV_P et CV_{da} des Fils. Congrès de la F. L. I. de Londres 1952.

[116] WEGENER, W., u. PROBST, G., Die Längenvariationscharakteristik der Masse und der Drehung. Melliand Textilber. 37 (1956), S. 1374/1375.

[117] KAMPER, P., Spindelantriebe. Spinner u. Weber 78 (1960), S. 33—38.

[118] Einheitliche Berechnung der Drahtkonstanten auf der Ringspinnmaschine. Textil-Praxis 3 (1948), S. 370/371.

[119] KNY, V. A., Spindelschlupf und Garnfestigkeit. Indian Textile J. (1949), Nr. 10, S. 20 bis 31; ref. in: Textil-Praxis 5 (1950), S. 49.

[120] Einheitliche Berechnung der Drahtkonstanten auf der Ringspinnmaschine. Textil-Praxis 3 (1948), S. 408.

[121] STRUVE, R., Drehungsschwankungen in Zwirnen. Z. ges. Textilind. **60** (1958), S. 109 bis 112.

[122] FROTSCHER, W., Über den Bandantrieb von Spindeln. Melliand Textilber. **13** (1932), S. 185/186.

[123] POPP, R., Einheitliche Berechnung der Drahtkonstanten auf der Ringspinnmaschine. Textil-Praxis **3** (1948), S. 371.

[124] FRIEDRICH, A., Die Ringspinnmaschine. Melliand Textilber. **37** (1956), S. 897–900.

[125] LUC, P., Die Torsion und die Festigkeit einfacher Baumwollgarne. Rev. Textile – Tiba – Rusta-Rayonne **57** (1958), Nr. 2–6, S. 55, 103, 159, 209, 263, 1203; ref. in: Textil-Rdsch. [St. Gallen] **14** (1959), S. 471.

[126] Betriebsanweisung zum Lichtblitzstroboskop LS 02/12–800, Techn.-Physik. Werkstätten Thalheim i. Erzgeb.

[127] Nach welcher Formel berechnet man die Einspinnung durch die Drehung an der Ringspinnmaschine? Textil-Praxis **9** (1954), S. 216/217.

[128] BESSET, C., Influence de la Torsion sur la Longueur d'un File. Indian Textile J. (1948), Nr. 65, S. 107–110.

[129] MOHR, W., Drehung und Einspinnung bei Ringgarnen. Melliand Textilber. **14** (1933), S. 578–581.

[130] Formelmäßige Berechnung der Einzwirnung. Textil-Praxis **3** (1948), S. 256.

[131] HELLIWELL, E. H., Die Drehungskontraktion der Garne und die Spinnereiproduktion. Textile Wld. **102** (1952) Nr. 3, S. 163; ref. in: Textil-Praxis **8** (1953), S. 99.

[132] LANDSTREET, G. P., EWALD, P. R., u. SIMPSON, J., The Relation of Twist to the Construction and Strength of Cotton Rovings and Yarns. Textile Res. J. **27** (1957), S. 86 bis 92.

[133] BECKERS, P., Die Verkürzung von Garnen und Zwirnen in Abhängigkeit zum Drehungsgrad. Textil- u. Faserstofftechn. **3** (1953), S. 212/213.

[134] HEARLE, J. W. S., The Mechanics of Twisted Yarns: The Influence of Transverse Forces on Tensile Behaviour. J. Textile Inst., Trans. **49** (1958), S. T389–408.

[135] Garne und Zwirne – Bestimmung der Drehung und Einzwirnung. Text. Rdsch. [St. Gallen] **3** (1948), S. 281–286; ref. in: Melliand Textilber. **30** (1949), S. 81.

[136] HARTENHAUER, H.-P., Direkte und indirekte Einzwirnung. Textil- u. Faserstofftechn. **4** (1954), S. 154/155.

[137] MÜLLER, E., Über das Gesetz der Verkürzungen beim Zwirnen der Gespinste. Textile Forsch. **2** (1920), S. 115.

[138] SCHNEIDER, J., Änderung der Garnlänge beim Zwirnen. Z. ges. Textilind. **61** (1959), S. 10–14, 79–81.

[139] BRASCHLER, E., Die Festigkeit von Baumwollgespinsten. ETH Zürich: Diss. 1935.

[140] STEIN, H., Ring und Ringläufer. Ermittlung der Fadenspannung im Spinn- und Aufwindefeld von Ringspinn- und Ringzwirnmaschine. Textil-Praxis **11** (1956), S. 771–778.

[141] PERMANYER, F., Über den Einfluß der Drehung und der Spinnspannung auf die Garnqualität. Indian Textile J. (1949), Nr. 59, S. 10–19; ref. in: Textil-Praxis **5** (1950), S. 449.

[142] JAKOWLEW, K. P., Mathematische Auswertung von Meßergebnissen. VEB Verlag Technik, Berlin 1952.

[143] DITTMANN, H., Untersuchungen an Fadenbremsen. Mitt. Inst. Technologie Chemiefasern Rudolstadt **1** (1957), S. 100–109.

[144] SCHNEIDER, J., Studien und Untersuchungen über den Einsatz synthetischer Garne im Webereibetrieb. Reyon, Zellwolle andere Chemiefasern **9** (1959), S. 603–605.

[145] STEIN, H., WEYDEN, H. v. d., ROHS, W., u. GRIESE, H., Untersuchungen an Spulvorrichtungen in der Leinen- und Halbleinenweberei. Forschungsberichte des Wirtschafts- u. Verkehrsministeriums Nordrhein-Westfalen, Nr. 654. Westdeutscher Verlag, Köln und Opladen 1958.

[146] WAGNER, E., Mechanisch-technologische Textilprüfungen. Fr. Staats GmbH, Abteilung: Dr. Spohr-Verlag, Wuppertal-Barmen 1953, 6. Aufl.

[147] FALTIN, H., Meßverfahren und Meßgeräte der Kraft- und Wärmewirtschaft. VEB Wilhelm Knapp Verlag, Halle (Saale) 1955.

[148] FRENZEL, W., u. LUXA, M., Spinnen mit unterdrücktem Fadenballon. Faserforsch. u. Textiltechn. 3 (1952), S. 483—489.

[149] FRENZEL, W., u. MILLER, D., Vergleichende Untersuchungen an Baumwoll-Ringspindeln zur Herstellung weichgedrehter Garne. Faserforsch. u. Textiltechn. 9 (1958), S. 455 bis 467.

[150] FRENZEL, W., u. SCHREITER, J., Vergleichende Spinnversuche an der Streichgarn-Ringspinnmaschine (Normalspindel und Ringspindel nach DBP 826853). Faserforsch. u. Textiltechn. 9 (1958), S. 538—542.

[151] BOBETH, W., u. BÖHME, W., Textile Rohstoffe. 2. Lehrbrief. Selbstverlag der TH Dresden, Dresden 1956.

[152] BOBETH, W., u. BÖHME, W., Textile Rohstoffe. 5. Lehrbrief. Selbstverlag der TH Dresden, Dresden 1957.

[153] SOKOLOV, G. V., Die Lage der Fasern im Gespinst bei seiner Drehung. Faserforsch. u. Textiltechn. 9 (1958), S. 143—145.

[154] GRAF, U., u. HENNING, H.-J., Statistische Methoden bei textilen Untersuchungen. Springer-Verlag, Berlin 1957.

[155] PERNER, H., Die Beurteilung der Leistungsfähigkeit von Textilprüfgeräten. Faserforsch. u. Textiltechn. 8 (1957), S. 70—74.

[156] PILZ, S., Elektrisches Steuergerät zur automatischen textilen Drehungsprüfung. TH Dresden: Großer Beleg 1957.

11. Sachregister

Bei Fragen zur Produktsicherheit wenden Sie sich bitte an:
If you have any questions regarding product safety,
please contact:

Walter de Gruyter GmbH
Genthiner Straße 13
10785 Berlin
productsafety@degruyterbrill.com